普洱茶 百科

缪泽群 缪曼 著

中山大学出版社

·广州·

SUN YAT-SEN UNIVERSITY PRESS
出版社

图书在版编目（CIP）数据

普洱茶百科 / 缪泽群，缪曼著． — 广州 ：中山大学出版社，2019.1
ISBN 978-7-306-06460-8

Ⅰ．①普… Ⅱ．①缪…②缪… Ⅲ．①普洱茶—基本知识　Ⅳ．① TS272.5

中国版本图书馆 CIP 数据核字（2018）第 228951 号

PUERCHA BAIKE

出 版 人：王天琪
策划编辑：熊锡源
责任编辑：熊锡源
封面设计：刘 犇
装帧设计：刘 犇
责任校对：王延红
责任技编：何雅涛
出版发行：中山大学出版社
电　　话：编辑部 020-84111946，84111970，84111997，84110779
　　　　　发行部 020-84111998，84111981，84111160
地　　址：广州市新港西路 135 号
邮　　编：510275　　　　传　　真：020-84036565
网　　址：http://www.zsup.com.cn　E-mail:zdcbs@mail.sysu.edu.cn
印 刷 者：广东虎彩云印刷有限公司
规　　格：850mm×1168mm　1/16　17 印张　　300 千字
版次印次：2019 年 1 月第 1 版　　2023 年 5 月第 3 次印刷
定　　价：68.00 元

本书作者和施兆鹏先生

序一

中国是茶的发源地。经考证，茶起源于我国云南省西双版纳一带地区，始为药用，后为饮用。茶，按其制法分为绿茶、红茶、黑茶、青茶、黄茶、白茶六大茶类。普洱茶属于半发酵茶，归属于黑类。普洱茶有悠久的历史和深厚的文化，种植资源极为丰富，商品品类繁多，各具优良品质特征。近年科学研究发现了黑茶对人体生理功能的作用，加之社会过度地炒作，令黑茶蒙上了一层厚厚的面纱，让人对他们感到好奇。

本书作者缪泽群先生 1977 年考入湖南农业大学茶学专业，我有幸成为他的专业老师。在校期间，缪泽群先生给我留下的印象是学习刻苦认真，基础和专业知识都十分扎实，品学兼优。其毕业论文发表在《中国茶叶》上，这在当时是非常罕见的，他是那一届唯一一个在国家级专业刊物上发表论文的毕业生。作为恢复高考后的第一届大学毕业生，他本来可以选择城市的机关事业单位工作，但他直接选择去基层锻炼，由一个茶叶示范场的技术员逐步成长为茶厂厂长、场长、经作站站长、地区茶厂厂长、地区茶叶公司经理等。

2000 年，他响应国家西部大开发战略来到陕西西安。怀着对普洱茶的热爱，他开设了西安市首家普洱茶专营店。凭着熟练的专业知识、对普洱茶的了解、亲力亲为的工作态度和对消费者负责的经营理念，他赢得了广大消费者的普遍认可和好评。他用近 20 年时间跑遍了云南普洱茶名山，掌握了大量关于普洱茶的知识。随着近年自媒体的兴起，他在"普洱茶友会"中开创了"老缪说茶"栏目，用通俗的语言帮助茶友们拨开重重迷雾，使茶友们知其然且知其所以然，还原本真的普洱茶，该栏目受到茶友们的好评。

本书内容分12章，并配有190余幅照片，力图帮助读者认识、熟悉普洱茶，学会选择、品饮、鉴赏与收藏普洱茶；并学会鉴别真假老茶、古树茶、名山茶、干仓茶和湿仓茶，知道一款茶好在哪里；茶品好坏的原因中，哪些是原料造成的，哪些是工艺或是仓储造成的。本书还将对30座名山的地理、环境、气候、人文以及各山上茶树的品种及品质特征做了较为详细的介绍。另外，本书还对某些问题释疑，也对普洱茶的概念、发展传播、保健功能、初精制和再加工等做了相应的介绍。

本书内容广泛、充实，思路清晰，条理清楚，文字通俗，是一本科普性强并具有一定专业性的好书，适合从事普洱茶生产者、消费者、爱好者以及涉茶学校师生参考阅读。特作此序以荐之。谢谢！

施兆鹏
2017年12月3日于长沙

序二
《普洱茶百科》值得一读

本书作者和刘仲华院士

　　进入二十一世纪，我国普洱茶产业实现了持续快速发展，越来越多的生产者、经营者、消费者融入了普洱茶的世界。人们十分渴望从普洱茶知识的海洋中，不断汲取精神营养。《普洱茶百科》一书的作者缪泽群先生，利用自己扎实的理论功底和丰富的从业经验，从专业的角度、用通俗的语言向读者阐述了有关普洱茶的知识：怎么辨识和选择普洱茶、怎么冲泡和鉴赏普洱茶、怎么存储和收藏普洱茶，以及原料、工艺、存储转化、冲泡等因素如何影响普洱茶的品质……该书能够使读者知其然还知其所以然。

　　该书介绍了普洱茶的发展和传播历史，重点介绍了普洱茶的原料、初制和精制工艺技术、内含成分及健康属性，并专门解答了茶友们十分在意又比较迷茫的问题，如：什么样的新茶值得存放、会有好的转化预期？野生茶、古树茶、台地茶怎么区别？名山古树茶有什么特点、怎么判断？干仓、湿仓、老茶怎么识别?本书实用性很强，可以学以致用。

　　缪泽群先生是湖南农业大学1977级茶学专业本科毕业，是我的同门师兄。他毕生学茶、习茶、研茶，把茶作为终身事业。他先后从事茶叶种植、技术推广、生产加工、茶叶贸易等工作，积累了丰富的实践经验。该书是他走出大学校门以来，从事茶叶工作尤其是从事普洱茶相关工作的实践与经验的总结。该书内容丰富、观点独特、思路清晰、语言通俗，是一本兼具专业性、科普性和实用性的好书，适合普洱茶从业人员和爱好者阅读，也可用作茶叶生产技术与茶艺培训的教材。特此推荐。

刘仲华

刘仲华
中国工程院院士、湖南农业大学教授
2023年4月30日

缪泽群近照

前言

以前从未想过要出一本关于普洱茶的书。

从湖南农业大学毕业后一直没有离开过茶叶专业，前10年在茶叶示范场生产一线和农业局做茶叶技术推广工作，其间，发表在国内专业杂志上的科研及技术推广类文章应该有20多篇。但到了娄底地区茶厂和茶叶公司工作后，由于经营业务的繁杂，基本上就没有提笔的时间和想法了。

2000年，笔者到西安经营普洱茶，看了不少有关普洱茶的书籍。市面上有关普洱茶的书籍不少，大体上可以分为两大类：一类是以学院派为代表的专业学术书籍，以专业理论为主，对普通消费者而言，其通俗性、可读性和实用性相对欠缺；另一类是以介绍普洱茶产品为代表的商业类书籍，主要以介绍普洱茶产品为主，商业气息太浓，专业知识太少，有些书籍专门推销产品，主观臆断，自相矛盾，对消费者产生了误导。

大部分经营普洱茶的人并不懂得普洱茶的专业知识和技术理论，有的只是人云亦云，有的可能还添油加醋，更有的虚构故事，天方夜谭，甚至有的把普洱茶老梗、黄片、碎末等副产品说得天花乱坠，视为珍品。这种情形催生了一批普洱茶伪大师，他们可能吹嘘一口就品出这款茶树龄多长，生长地海拔多高，生长在阴坡还是阳坡，是否施过农药、化肥。内行人士对这些伪大师不是嗤之以鼻，就是"呵呵"了之，但大部分消费者并不是内行，碰上这些伪大师可能会佩服得五体投地，心甘情愿地追随左右，从而误入歧途。

为正本清源，也为消费者释疑，近几年笔者在自媒体平台"普洱茶友会"开辟了《老缪说茶》专栏，用于推广和传播普洱茶知识，受到读者和消费者的好评。继而相继入驻今日头条、百度百家和搜狐公众号。

栏目做了不久，笔者就陆续收到读者和朋友建议，要求整理成册。到后来这种呼声越来越高，于是本书就这么顺理成章地出来了。

《老缪说茶》的主要目的是为普洱茶爱好者正本清源、解惑释疑，传播和普及普洱茶技术、知识、文化。从专业的角度，用通俗的语言，告诉读者怎样去选择普洱茶，怎样储存普洱茶，怎样冲泡普洱茶，怎样鉴赏普洱茶。关于普洱茶的优缺点，我们要了解哪些是原料影响的，哪些是工艺影响的，哪些是储存影响的，哪些是冲泡影响的。

如普洱茶的苦和涩，哪些是正常的苦涩，哪些是不正常的苦涩，不正常的苦涩是怎么形成的，本书尽量使消费者知其然还能知其所以然。

在普洱茶的储存和转化章节，笔者通过 20 多年的存茶经验和细致观察，告诉读者家里应该怎么存茶，什么样的茶才值得存放和期待，把普洱生茶、熟茶、野生茶、古树茶、台地茶、不同档次的茶叶在不同环境条件下存储的转化趋势和转化规律告诉读者。

本书对云南 30 座名山以及普洱茶的特殊品种（普洱茶膏、陈皮普洱、老茶头、野生普洱茶、有机普洱茶、藤条茶、竹筒茶）也有详细介绍，包括每座山的地理、环境、气候、人文。为详细描述茶树和茶品特点，本书所配的 190 张插图基本上是笔者的第一手资料。

此外，本书专列一章为普洱茶常见问题释疑，也专列一章介绍云南少数民族的饮茶习惯。本书对于普洱茶的概念、发展传播、内含物以及保健功能、初精制及再加工工艺、不同仓储及转化规律也有相应介绍。

本书部分章节由缪曼完成，少部分照片由朋友字学玲、李雪梅、李红、木生、宁叶、侯建荣提供，在此一并致谢。

特别感谢我的老师、茶学界泰斗施兆鹏教授为拙作作序。施老师已 80 多岁高龄，还担任着湖南农业大学茶学博士后流动站专家组组长，主编了《茶叶加工学》《茶叶审评与检验》《中国黑茶》等全国高等院校统编教材。施老师毕生从事茶学教学、科研工作，硕果累累，桃李满天下。施老师严谨的治学风格、一丝不苟的科研态度、为人正直的作风永远是笔者学习的榜样。

缪泽群

2017 年 12 月 20 于西安

目　录

第一章 普洱茶的概念

第一节 普洱茶名的由来

普洱茶之名，最早出自其产地或者集散地，是指产于普洱或者由普洱运出来的茶叶，这一点应该是没有争议的。但普洱茶是什么时候开始叫起来的？普洱茶涵盖的地域范围是哪里？普洱茶什么时候专指云南晒青茶？这些问题都还没有统一的结论。

普洱茶既然是以产地或者集散地命名，那么，它和普洱就有着千丝万缕的联系。

普洱作为地名，自古就已经存在。据清《普洱府志》考证，普洱在商周时期就属中央政权管辖；西汉属益州郡哀牢属地；东汉属永昌郡属地；隋朝为濮部属地；唐乾符六年（879）普洱设治，为南诏国银生节度辖地；元至元十五年（1278）改治为司，属云南省元江路所辖；明代普洱属车里宣慰司，直到清雍正七年（1729），成立普洱府，辖三厅一县一司（思茅、墨江、景谷、普洱、景洪）。中华人民共和国成立后，普洱县隶属云南省思茅地区；2007年思茅市改名普洱市，普洱县改为宁洱县，隶属普洱市。

云南虽然种茶历史悠久，但在相当长的时期内还属于自给自足的小农经济范围。普洱茶形成商品应该在明代。据明万历年间的《云南通志》记载，"车里之普洱，此处产茶"，《滇略》中也记载，"士庶所用，皆普茶也，蒸而成

团"。说明当时普洱茶在当地已经很流行，从上流社会到平民百姓都喝普洱茶。这也是普洱茶最早在文献中以"普茶"出现，而且经过蒸压成团，其工艺也和今天的普洱紧压茶已经基本相同。所以，《滇略》中的"普茶"应该就是现在的普洱茶。而且已经有一定的流通量，在明天启年间（1621—1627），普洱茶的流通量已经达到四五百担[①]。

那么，明清时期的普茶就是现代意义上的普洱茶吗？一要从中国茶叶的加工工艺演变来看这个问题。虽然中国现在六大茶类齐全，但早期中国茶叶主要就是绿茶。最早的工艺是水潦杀青，太阳晒干；然后改水潦杀青为锅式杀青，由太阳晒干演变为烘干或者炒干。云南也许是因为偏远，也许是其他原因，却没有跟随内地的工艺革新，至今继续保留了晒青工艺技术。所以，其工艺上和现在普洱茶没有多少区别。二是云南红茶的生产技术的传入已经到了19世纪30年代，其他茶类的生产时间更晚。三是树种，云南茶树的种植树种过去和现在基本上没有什么变化，也只有20世纪八九十年代在局部地区存在一些品种改良。所以从这三方面来看，云南早期的"普茶"也就是现代意义上的普洱茶。

普洱茶的涵盖范围应该包括普洱府所产茶叶和普洱府周边地区在普洱府集散的茶叶。随着需求的扩大，普洱茶种植面积和产茶范围越来越大。现在以西双版纳、临沧和普洱为主产区的云南省11地市为普洱茶原产地，除了普洱市、西双版纳傣族自治州、临沧市以外，还涵盖了昆明市、大理白族自治州、保山市、德宏傣族景颇族自治州、楚雄彝族自治州、红河哈尼族彝族自治州、玉溪市文山壮族苗族自治州等8个州市，共600多个乡镇。

第二节　普洱茶的界定及国家标准

普洱茶在相当长的时期内，没有统一的标准，概念也比较模糊。比如产地范围，普洱茶既然是以产地和集散地命名，那在多大范围以内生产和集散的才

①过去的计量单位，一担相当于现在50千克。

是普洱茶？普洱县生产的红茶、绿茶是不是普洱茶？所以就出现了普洱红茶、普洱绿茶的叫法。直到 21 世纪初，《普洱茶云南省地方标准》出台和稍后的普洱茶国家标准出台，才对普洱茶有了统一的定义和标准。

2003 年 3 月 1 日实施的《普洱茶云南省地方标准》规范了普洱茶的定义："普洱茶是以云南省一定区域内的云南大叶种晒青毛茶为原料，经过后发酵加工成的散茶和紧压茶。其外形色泽褐红，内质汤色红浓明亮，香气独特陈香，滋味醇厚回甘，叶底褐红。"

这个定义包括了以下四个内容：①普洱茶的产地是云南省一定区域；②普洱茶采用的原料是云南大叶种；③普洱茶加工的干燥工艺必须是晒青工艺和独特的后发酵工艺，包括自然后发酵工艺和人工渥堆后发酵工艺两种；④普洱茶的感官指标必须符合《普洱茶云南省地方标准》：外形色泽褐红，内质汤色红浓明亮，香气独特陈香，滋味醇厚回甘，叶底褐红。

2008 年 6 月 17 日，在地方标准的基础上出台了《普洱茶国家标准》，并于2008 年 12 月 1 日起正式实施。《普洱茶国家标准》规定了普洱茶地理标志保护范围，规范了普洱茶的概念和定义，从文字和实物两方面明确了普洱茶生熟茶的类型和分级标准；并对普洱茶树生长的地理、气候、土壤环境、茶园种植、施肥、植保、修剪和采摘管理等做出了明确的规定；对普洱生熟茶的加工工艺流程和技术要求做出了具体的规定。《普洱茶国家标准》的出台，对规范普洱茶行业的健康发展提供了国家层面的依据。

《普洱茶国家标准》规定普洱茶必须以地理标志保护范围内的云南大叶种晒青茶为原料，并且在地理标志保护范围内采用特定的加工工艺制成。由国家市场监督管理总局规定的普洱茶地理标志产品保护范围是云南省昆明市、楚雄州、玉溪市、红河州、文山州、普洱市、西双版纳州、大理州、保山市、德宏州、临沧市等 11 个州市所属的 600 多个乡镇。《普洱茶国家标准》在《普洱茶云南省地方标准》的基础上，对普洱茶地理标志保护范围进行了细化，明确到了地市县乡。非上述地理标志保护范围内地区生产的茶不能叫普洱茶，云南茶企业到上述地理标志保护范围外的地区购买茶箐，以此为原料做成的茶也不能叫普洱茶。

《普洱茶国家标准》规定的晒青毛茶的级别(11级)和感官审评要求见表1.1。

表 1.1　晒青毛茶感官品质特征

级别	外形				内质			
	条索	色泽	整碎	净度	香气	滋味	汤色	叶底
特级	肥嫩紧结芽显毫	绿润	匀整	稍有嫩茎	清香浓郁	浓醇回甘	黄绿清静	柔嫩显芽
二级	肥嫩紧结显毫	绿润	匀整	有嫩茎	清香尚浓	浓厚	黄绿明亮	嫩匀
四级	紧结	墨绿润泽	尚匀整	稍有梗片	清香	醇厚	绿黄	肥厚
六级	紧实	深绿	尚匀整	有梗片	纯正	醇和	绿黄	肥壮
八级	粗实	黄绿	尚匀整	梗片稍多	平和	平和	绿黄稍浊	粗壮
十级	粗松	黄褐	欠匀整	梗片较多	粗老	粗淡	黄浊	粗老

《普洱茶国家标准》对普洱茶熟茶散茶的分级(11级)和感官审评要求表1.2。

表 1.2　普洱茶(熟茶)散茶感官品质特征

级别	外形				内质			
	条索	整碎	色泽	净度	香气	滋味	汤色	叶底
特级	紧细	匀整	红褐润显毫	匀净	陈香浓郁	浓醇甘爽	红艳明亮	红褐柔嫩
一级	紧结	匀整	红褐润较显毫	匀净	陈香浓厚	浓醇回甘	红浓明亮	红褐较嫩
三级	尚紧结	匀整	褐润尚显毫	匀净带嫩梗	陈香浓纯	醇厚回甘	红浓明亮	红褐尚嫩
五级	紧实	匀齐	褐尚润	尚匀稍带梗	陈香尚浓	浓厚回甘	深红明亮	红褐欠嫩
七级	尚紧实	尚匀齐	褐欠润	尚匀带梗	陈香纯正	醇和回甘	褐红尚浓	红褐粗实
九级	粗松	欠匀齐	褐稍花	欠匀带梗片	陈香平和	纯正回甘	褐红尚浓	红褐粗松

一、国标普洱茶的理化指标

普洱茶的理化指标是指对水分、总灰分、粉末、水浸出物、茶多酚、粗纤维的含量指标。对于晒青茶、生茶、熟茶各有不同的要求指标。具体见表 1.3 至表 1.5。

表 1.3 晒青茶的理化指标

项 目	指标（%）
水分	≤ 10.0
总灰分	≤ 7.5
粉末	≤ 0.8
水浸出物	≥ 35.0
茶多酚	≥ 28.0

表 1.4 普洱茶（生茶）的理化指标

项 目	指标（%）
水分	≤ 13.0
总灰分	≤ 7.5
水浸出物	≥ 35.0
茶多酚	≥ 28.0

表 1.5 普洱茶（熟茶）的理化指标

项 目	指标（%）	
	散 茶	紧压茶
水分	≤ 12.0	≤ 12.5
总灰分	≤ 8.0	≤ 8.5
粉末	≤ 0.8	—
水浸出物	≥ 28.0	≥ 28.0
粗纤维	≤ 14.0	≤ 15.0
茶多酚	≤ 15.0	≤ 15.0

国家标准对普洱茶（生茶）紧压茶要求如下：外形色泽墨绿，形状端正匀整、松紧适度，不起层脱面；洒面茶应包心不外露；内质香气清纯，滋味浓厚，汤色明亮，叶底肥厚黄绿。

普洱茶（熟茶）紧压茶要求外形色泽红褐；形状端正匀整、松紧适度，不起层脱面；洒面茶应包心不外露；内质汤色红浓明亮，香气独特陈香，滋味醇厚回甘，叶底红褐。

二、国标普洱茶的安全性指标要求

普洱茶的安全性指标会考虑到各种有害物质的含量限值和致病菌的检查，一共有 17 项，具体见表 1.6 所示。

表 1.6　普洱茶的各项安全性指标

项　目	指标（%）
铅（以 Pb 计）/（mg/kg）	≤ 5.0
稀土 /（mg/kg）	≤ 2.0*
氯菊酯 /（mg/kg）	≤ 20
联苯菊酯 /（mg/kg）	≤ 5.0
氯氰菊酯 /（mg/kg）	≤ 0.5
溴氰菊酯 /（mg/kg）	≤ 5.0
顺式氰戊菊酯 /（mg/kg）	≤ 2.0
福氰戊菊酯 /（mg/kg）	≤ 20
乐果 /（mg/kg）	≤ 0.1
六六六（HCH）/（mg/kg）	≤ 0.2
敌敌畏 /（mg/kg）	≤ 0.1
滴滴涕（DDT）/（mg/kg）	≤ 0.2
杀螟硫磷 /（mg/kg）	≤ 0.5
喹硫磷 /（mg/kg）	≤ 0.2
乙酰甲胺磷 /（mg/kg）	≤ 0.1
大肠菌群 /（mg/kg）	≤ 0.1
致病菌（沙门氏菌、志贺氏菌、金黄色葡萄球菌、溶血性链球菌）	不得检出

*备注：茶叶稀土限量标准国家卫计委已经在 2017 年（GB 2761—2017）正式取消。

国家标准还对普洱茶的标识、包装、运输、储存做了具体规定。

标签标识要真实反映出产品的属性，例如普洱茶（熟茶）、普洱茶（生茶）、制造商名称和地址、生产日期、储存条件、产品标准号等，标识文字应清晰可见。

在符合本标准的储存条件下，普洱茶适宜长期保存。

第二章 普洱茶的发展和传播

第一节 云南普洱茶种植历史

云南普洱茶的种植始于古濮人，至今已有 3000 ~ 5000 年历史，繁于明清，盛于当代。

中国是最早发现、利用和种植茶叶的国家，最早的文字记载是《尔雅》中的"武阳买茶"，提及茶叶的商品流通；王褒的《僮约》撰于汉宣帝神爵三年（前59），对当时的茶叶发展状况有了比较清楚的叙述。无论是《尔雅》还是《僮约》，距离现在基本在 2000 年左右。没有文字记载不一定就没有茶叶的种植，但缺少文字依据也不能主观推测。因此，认定汉代存在人工种植茶叶并且有茶叶商品流通，距今有 2000 年左右的历史，这是比较统一的观点。

云南普洱茶的种植历史从文字记载来看基本上和内地是同步的。据云南当地（罗平《师宗县志》）傣文记载，在 2100 多年前已有野生茶树的驯化栽培；1700 年前的唐人樊绰在他的《蛮书》中就有"茶出银生界诸山，散收无采造法，蒙舍蛮以椒姜桂和烹而饮之"的记载，所以，有文字记载的云南普洱茶的种植历史也有 2000 年左右。

但云南的实际种茶历史除了文字记载以外还有一个重要的物证，那就是现存的人工栽培的古茶树。千家寨有 2700 年树龄的茶树，特别是云南临沧市凤庆县香竹箐栽培型古茶树的发现，经过科学家鉴定和同位素测定，树龄达3200多年，这毫无疑问是迄今为止发现的人类栽培的最早的古茶树，堪称世界茶祖，它的发现直接将中国种茶历史向前推进了1000多年。

按3200年的历史推断，云南多个少数民族（布朗族、德昂族、佤族）的共同祖先——云南古濮人时期就已经开始驯化种植茶树。所以，詹英佩在《茶祖居住的地方——云南双江》一文中认为：云南古濮人是中国最早发现茶、喝茶、利用茶和种植茶的民族。虽然古濮人没有留下文字记载，但古濮人留下的这些古茶树就是活化石，足以证明这一点。

云南普洱茶虽然种植历史悠久，但真正繁荣是从明清开始。据明万历年间的《云南通志》记载，"车里之普洱，此处产茶"，《滇略》中也记载"士庶所用，皆普茶也，蒸而成团"，这也是普洱茶最早在文献中以"普茶"出现。在明天启年间（1621—1627），普洱茶的商品流通量已经达到四五百担。

到了清朝，由于普洱茶受到皇家青睐而进入皇宫，因而在种植和制作上更受到民间和官僚的重视，在数量、质量和传播上有了更快的发展。清朝时普洱茶已经是名满天下的名茶了。清人阮福在《普洱茶记》中开头就有"普洱茶名遍天下，味最酽，京师尤重之"的文字记载，说明普洱茶已经是天下名茶，茶味浓酽，在京城更受青睐；"所谓普洱茶者，非普洱府界内所产，盖产于府属之思茅厅界也""其茶在思茅本地收取新茶时，须以三四斤鲜茶方能折成一斤干茶。"这些记载将当时普洱茶产地和鲜叶加工成毛茶的比例也交代清楚了。"每年备贡者五斤重团茶、三斤重团茶、一斤重团茶、四两重团茶、一两五钱重团茶，又瓶装芽茶、蕊茶、匣盛茶膏，共八色。"这是当时贡茶的花色品种。还有老嫩分级和品种名称官民区分；"于二月间采蕊极细而白，谓之毛尖以作贡，贡后方许民间贩卖""大而团者，名紧团茶；小而团者，名女儿茶。"《普洱茶记》是现在研究普洱茶比较难得的早期文字资料。

既然普洱茶已经名扬天下，生产自然会迅速发展，但清朝对云南普洱茶采取官营垄断，茶引管理以方便收税，在一定程度上限制了普洱茶的发展。在清乾隆年间，普洱茶官营量基本上在3000担（150吨）左右。到了晚清民初，由于藏区需求的增加，普洱茶有了长足发展。20世纪40年代，普洱茶销量已经达到1500吨左右。

普洱盛世还是在我们当代。从明朝到中华人民共和国成立初期，历经400多年，普洱茶年商品量也就达到1500吨左右；但从中华人民共和国成立到现在短短70年时间，云南茶产量就达到了36万吨，是之前的240倍。

首先，这得益于现代科技的发展和进步，从茶树育种、栽培、植保，机械加工各领域、各环节技术进步，到交通运输、通信信息的空前发展，都为云南普洱茶的生茶、加工、流通提供了前所未有的发展空间和后勤保障。就拿交通运输来说，以前普洱茶从山里采下来，初制加工成毛茶，人工从山里背出来，在集散地加工成紧压茶，再用骡马运往销区，往往需要半年到一年甚至更长的时间。现在普洱茶从采摘，完成初制、压制、包装全过程，成品茶到达消费者手中最短可能就是20天左右。

其次，通信信息的发展，也为普洱茶生产者和消费者之间建立了无障碍空间。消费者可能在品饮普洱茶的同时欣赏着生产者采摘或者加工的实况直播视频；消费者还可能直接到产区，指定要哪几株茶树的产品，全程参与制作。这种集休闲、旅游、学习、消费于一身的体验式消费方兴未艾。

最后，普洱茶的保健功能被现代科学和现代医学陆续发现和证实，普洱茶消费群体由少数民族消费转向大众消费，极大地扩大了普洱茶消费群体。消费群体的变化反过来刺激普洱茶的种植、加工和流通。包括普洱茶的教学、科研在内的各行业都得到了前所未有的发展。

第二节　普洱茶在国内的发展历史

云南普洱茶种植历史悠久，但真正成为大宗商品可能到了唐代，从唐到明清，云南普洱县慢慢成为普洱茶的重要产区和集散地。

元李京《云南志略·诸夷风俗》称："金齿百夷，交易五日一集，以毡布盐茶相互贸易。"表明普洱茶在当时已成为边疆各民族相互交易的重要商品。

明谢肇制在《滇略》中称："士庶所用，皆普茶也。"明代，"普茶"一名正式被载入史书。清檀萃所撰《滇海虞衡志》载："普茶名重天下，出普洱所属六茶山，一曰攸乐，二曰革登，三曰倚邦，四曰莽枝，五曰蛮端，六曰慢撒，周八百里、入山作茶者数十万人。"此六茶山均在普洱府属思茅厅界内。普洱府是当时茶叶贸易的集散地，思茅厅所属六大茶山的茶叶大部分集中到普洱府，经加工精制后运销国内外。

明代李时珍著《本草纲目拾遗》中亦有"普洱茶出云南普洱府"的记载。明方以智在《物理小识》中也有"普洱茶蒸而成团，西番市之"。说明在明代普洱茶正式被载入史书，并印证了内地先进的采造、制茶法已经被引入普洱茶的加工技术之中，普洱茶已被社会各阶层所接受和消费，普洱县已成为茶叶集散中心。

到清代普洱茶入贡和官营垄断，普洱茶已经是"名遍天下"的名茶了。

第三节　普洱茶在国内外的传播趋势

普洱茶在明清时期开始形成大宗商品，主要靠人背马驼运出云南。主要的茶马古道有以下几条：一是从普洱出发至昆明、昭通，再到四川的泸州、宜宾、成都、重庆至京城。二是普洱经下关到丽江与西康西藏互市。三是由勐海至边境口岸打洛，再分二路：一路至缅甸、泰国；另一路是经缅甸到印度、西藏。四是由勐腊的易武茶山开始，至老挝丰沙里，到河内再往南洋。如图 2.1 所示。

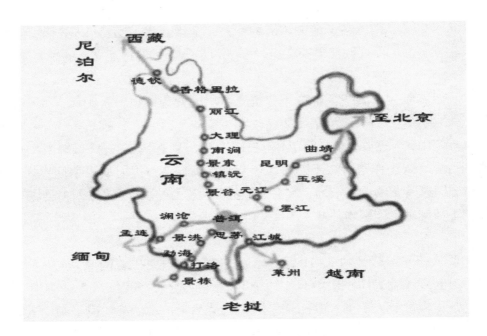

图 2.1 云南普洱茶向周边国家和地区传播简图

图 2.1 是云南普洱茶向周边国家和地区的主要传播渠道,直接传播到缅甸、泰国、印度、老挝、越南,由这些国家再往东南亚等国家传播。东南亚国家本身和中国的人员交往和商业活动就十分频繁,所以,云南周边国家和东南亚诸国是普洱茶早期传播之地。

滇南茶马商道上,印度、缅甸、暹罗(泰国)、越南、柬埔寨等国均有商人来往于西双版纳和思茅、普洱县之间,普洱茶通过外国商人流传海外不少国家,印度的加尔各答成为云南茶叶销往世界各地的重要中转市场。民国时期,勐腊曼洒茶、倚邦茶行销越南莱州,易武圆茶放运越南莱州、泰国密赛,法属老挝勐板以及越南河内、海防南洋等市场。佛海出口的圆茶、砖茶及散茶,销往暹罗(泰国)、缅甸、印度、尼泊尔、不丹、锡金、马来西亚、新加坡等地,江城的饼茶运销越南、老挝、缅甸、泰国等地。

普洱茶作为清朝宫廷饮品和皇家贡茶,清廷时在外事活动中作为礼品赠送,这是普洱茶传播的又一途径。据史料记载,在清乾隆年间和英国国王乔治三世的三次国事交往中，普洱茶和普洱茶膏都出现在清廷的赠品礼单中。这种外事活动使普洱茶在更高的层次传播得更远。

中华人民共和国成立后，普洱茶的种植、加工和销售都有了长足发展。普洱茶的产地扩大，产量增加，销路日广，出口增加，不仅深受港澳台地区和东南亚国家消费者的欢迎，而且远销日本、西欧、美洲，成为越来越多的人喜爱的保健饮品。普洱茶传到法国，经法国科学家实验证明，饮普洱茶益处多多，它既可做饮料，又可做药物，其特点之一是助消化，减肥去脂，因而引起人们浓厚的兴趣。法国妇女依据她们饮用的经验，把普洱茶称为"刮油茶""消瘦茶"，多数法国人将普洱茶作为降脂减肥的药物来饮用，或作为馈赠亲友的礼品。日本人把普洱茶作为保健美容茶，以贵妃茶、美容茶、健美茶、窈窕茶、益寿茶等牌名美称投放市场，普洱茶深受欢迎。现在，不少西欧国家把普洱沱茶放在药店或百货商店的美容化妆品专柜中出售，普洱茶还成为家庭摆设中的工艺品。

特别是 20 世纪 70 年代初期普洱熟茶的研制成功，更是为普洱茶的发展插上了翅膀。普洱茶的独特口感受到越来越多爱茶人的喜欢，普洱茶的保健功能也得到越来越多人的关注。日本、法国等国的科学家对普洱茶保健功能的研究，在全世界范围内掀起了普洱茶保健功能研究热潮，普洱茶的保健功能正在源源不断地被发现，越来越受到全世界的重视。如果说普洱茶在清朝成为国之名茶，那现在普洱茶已经是真正的世界名茶。

第一节　普洱茶的营养成分

茶叶含有大量对身体有益的营养物质，这些营养物质才是决定茶叶对身体保健功能的关键。这些内含物，决定了茶叶是一种健康饮料。

一、维生素类

维生素虽然在人体中的绝对量极低，但其却是维持人体正常生理代谢之必需。茶叶的维生素占茶叶干物质的 0.6%~1%。茶叶主要含有维生素 A，维生素 B_1、B_2、B_6，维生素 C，维生素 D，维生素 PP，泛酸，肌醇，叶酸，6.8- 二硫辛酸等。常饮普洱茶，可以维持身体维生素的平衡，维持正常的生理代谢。

二、氨基酸蛋白质类

氨基酸作为蛋白质的组成部分，和脂类、碳水化合物、无机盐[①]、维生素、水和食物纤维共同构成人体最基本的物质，也是人体所需要的营养元素。它们在机体内具有各自独特的营养功能，但在代谢过程中又密切联系，共同参加、

① 即矿物质，含常量元素和微量元素。

推动和调节生命活动。茶叶中的氨基酸占茶叶干物质的 1%~4%，主要有半胱氨酸、蛋氨酸、谷氨酸、精氨酸、茶氨酸和脂多糖。普洱茶的蛋白质含量占干物质的 20%~30%。茶叶中的蛋白质以谷蛋白为主，难溶于水，但普洱老生茶和熟茶在有益菌分泌的蛋白酶作用下，可以将蛋白质缓慢分解成可溶于水的氨基酸。

三、芳香类

普洱茶芳香类物质占干物质的比例在 0.02%~0.04%。虽然其绝对量很少，但其种类达数百种之多。这些芳香类物质可分为萜烯类、酚类、醇类、醛类、酸类、酯类等。其中萜烯类有杀菌、消炎、祛痰的作用，可治疗支气管炎。酚类有杀菌、兴奋中枢神经和镇痛的作用，醇类有杀菌的作用。醛类和酸类均有抑杀霉菌和细菌，以及祛痰的功能，后者还有溶解角质的作用。酯类可消炎镇痛、治疗痛风，并促进糖代谢。

四、糖类及碳水化合物

普洱茶中的糖类物质，包括单糖、双糖、多糖及少量其他糖类。单糖和双糖是构成茶叶可溶性糖的主要成分，含量占干物质的 2%~4%。单糖主要有果糖、阿拉伯糖、葡萄糖、半乳糖、鼠李糖、山梨糖和甘露糖；双糖包括蔗糖和麦芽糖。茶叶中的多糖类物质主要包括纤维素、半纤维素、淀粉、果胶和茶多糖等，一般占干物质的 10%~20%。茶叶中的多糖除茶多糖以外，大部分都不溶于水。但值得一提的是，普洱生茶在长期的存放过程中，以及普洱熟茶在渥堆发酵过程中会产生大量的有益菌，这些有益菌分泌的酶类可以将不溶于水的纤维素、淀粉分解成可溶于水的单糖。这就是老生茶和熟茶纤维素大量减少而单糖增加的原因。

五、生物碱类

茶叶中的生物碱占干物质的 2%~5%，以咖啡碱为主，还有少量茶叶碱和可可碱。生物碱可以兴奋中枢神经，消除疲劳，对抗酒精、烟碱和吗啡的毒害作用，增加肾脏血流量，提高肾小球的过滤能力，有利尿作用。

六、多酚类及多酚类衍生物

茶叶中的多酚类也叫茶多酚，是分子结构相似的一大类物质。

茶多酚主要是由儿茶素、黄酮类物质、花青素和酚酸等四大物质组成。其中占量最高、所占比例最大的是儿茶素物质，约占茶多酚总量的70%。

儿茶素在制茶过程中的变化很大，与茶叶的色、香、味及茶叶品质的形成均有密切的关系。儿茶素被氧化聚合，形成茶黄素、茶红素、茶褐素等一系列氧化聚合产物，对茶汤的品质和口感特征起着决定性的作用。

黄酮类物质又称花黄素，多以糖苷的形式存在于茶叶中。

花青素又称花色素，茶树一般在高温干旱季节中含量较高。花青素味苦，含量高影响茶叶品质。

茶叶中酚酸的含量较少，主要包括有没食子酸、茶没食子素、鞣花酸、绿原酸、咖啡酸、对香豆酸等，其中以没食子酸和茶没食子素含量较多。

茶多酚在干茶中的含量大概占整个干物质的18%~36%，因茶而异，大叶种比小叶种含量高，嫩叶比老叶含量高，高山茶比台地茶含量高。茶叶之所以成为健康饮料，就是因为茶叶中含有茶多酚。茶多酚不仅决定茶叶的口感，还决定了茶叶的保健功能。在普洱茶的保健功能中，茶多酚起着至关重要作用，所以说茶多酚是茶叶的精华、灵魂、精灵都不为过。

第二节　普洱茶的保健功能

普洱茶的保健功能主要有以下十几项。

（1）醒脑益思。普洱茶中的生物碱能兴奋中枢神经，益思少睡。

（2）健齿。普洱茶含氟量高，常喝能促进牙釉质形成，可预防龋齿。

（3）明目。茶叶中含有丰富的维生素，其中维生素 A、维生素 D、维生素 B_2 对维持视网膜正常机能有益，还可以预防青光眼。

（4）利尿通便。咖啡碱和黄酮类能增加肾脏血流量，提高肾小球过滤能力，有利尿作用。

茶多酚能促进肠道蠕动，达到利尿通便的目的，使身体有害物质及时排出体外，因此茶多酚有"最佳清洁卫士"之称。

（5）养颜美容抗衰老。人体衰老的过程本质上就是细胞的氧化过程，茶多酚是天然的抗氧化剂，在体内具有足够的抗氧化能力，高效清除过量的自由基，促使形成褐斑的脂褐质分解，提高溶酶体的酶活性，加速黑色素降解，清除色斑，增加皮肤弹性，达到抗衰老的目的。

（6）防癌抗癌。癌症主要是由于细胞突变造成的，茶多酚可以有效地防止细胞突变发生，达到防癌抗癌的目的。茶多酚从以下四条途径起着抗癌的作用：一是茶多酚可以抑制癌细胞 DNA 的复制。二是自由基作为一种致癌的因子是众所周知的，茶多酚可以有效清除自由基而起到防癌抗癌的作用。三是茶多酚能起到抑制癌细胞的增殖作用。四是茶多酚能抑制癌细胞的生长周期。

（7）抗辐射。茶多酚和茶多糖都具有极强的防辐射损伤功效，这一作用，科学家在对"二战"中日本原子弹爆炸幸存者的调查中就已经发现。

茶多糖、维生素 C 和半胱氨酸也有治疗放射性伤害的作用。

（8）降脂减肥。茶多酚对两种因素引起的肥胖有预防和治疗作用。

茶多酚能促进脂肪酸代谢，加速脂肪分解，从而减少脂肪积累。同时能抑制脂肪吸收，并有促进酯质化合物排出的作用。

茶多酚还能抑制淀粉酶、蔗糖酶、葡萄糖苷酶的活性，减少碳水化合物的吸收，从而防止由碳水化合物转化为脂肪引起的肥胖。

（9）预防心脑血管疾病。科学研究表明，茶多酚能明显降低胆固醇、甘油三酯、低密度脂蛋白胆固醇指标，提高高密度脂蛋白胆固醇指标，因此，茶多酚不仅降血脂，而且能双向调节血脂，从而起到调节血脂、预防心脑血管疾病的作用。

（10）抑菌、消炎、抗病毒。茶多酚对微生物有抑制和杀灭双重作用，并可以抑制细菌毒素的活性和芽孢的萌发。茶多酚抑菌有极好的选择性，可以抑制有害菌生长而维持有益菌平衡。

（11）降血糖。茶多糖具有降血糖功效。

（12）抗过敏。研究表明，茶多酚对透明质酸酶具有显著的抑制作用，其中茶黄素对没食子酸的抑制活性达99.1％。儿茶素主要抑制快速过敏反应，而对迟发性的过敏反应作用不大。

（13）保护肠胃。茶多酚还能促进肠道蠕动，加速肠道废弃物排出。

（14）调节免疫系统。茶多酚可以通过降低细胞过氧化物含量和清除免疫反应过程中产生的大量自由基来调节免疫。茶多酚对免疫系统还具有双重调节作用，对免疫功能低下的机体有刺激和提高免疫功能的作用；对正常机体的免疫功能有调节和保护作用，预防免疫系统的变态反应。

一般来说，我们说普洱茶有十大保健功能，指的就是这里说的前十项功能。

第三节 普洱茶之精华——茶多酚

茶叶作为一种健康饮料，内含许多对身体有益的营养物质，如氨基酸类、生物碱类、色素类、芳香类物质、糖类（碳水化合物）等。这些营养物质都对身体有益。但这些营养物质我们从其他食物中也可以得到。真正决定茶叶成为健康饮料、起着关键保健功能而且我们只能从茶叶中得到的只有一类物质，它的名字就叫茶多酚。

一、茶多酚的构成和在茶叶中的比例

茶多酚也叫多酚类，是分子结构相似的一大类物质。茶多酚主要由儿茶素、黄酮类物质、花青素和酚酸等四大物质组成。其中占量最高、所占比例最大的是儿茶素物质，约占茶多酚总量的70%。

儿茶素在制茶过程中的变化很大，与茶叶的色、香、味品质均有密切的关系。儿茶素被氧化聚合，形成茶黄素、茶红素、茶褐素等一系列氧化聚合产物，对茶汤的品质和口感特征起着决定性的作用。

黄酮类物质又称花黄素，多以糖苷的形式存在于茶叶中。黄酮类物质具有调节免疫力的作用。

花青素又称花色素，一般在高温干旱季节茶叶中含量较高。由于花青素味苦，含量高影响茶叶的品质。

茶叶中酚酸的含量较少，主要包括没食子酸、茶没食子素、鞣花酸、绿原酸、咖啡酸、对香豆酸等，其中没食子酸和茶没食子素含量较多。酚酸具有抗氧化、抗自由基的作用。

茶多酚在干茶中的含量大概占整个干物质的18%~36%，因茶而异。大叶种比小叶种含量高，嫩叶比老叶含量高，高山茶比台地茶含量高。茶叶之所以能成

为健康饮料，就是因为茶叶含有茶多酚。茶多酚不仅决定茶叶的口感，还决定了茶叶的保健功能。茶叶的十多种保健功能中至少有七大保健功能是由茶多酚决定的。所以称茶多酚是茶叶的精华、灵魂都不为过。

二、 茶多酚对茶叶品质的影响

不同茶类，不同品种的茶叶会有不同的口感。可以说是百茶百味，千茶千味。但主要的区别就是茶汤的浓淡、强弱、苦涩、生津、回甘。而决定茶叶这些不同口感最主要的因素就是茶多酚含量、茶多酚组成比例、茶多酚氧化络合程度以及茶多酚和氨基酸的比例（氨酚比）。

茶多酚含量高，茶汤浓厚度就好，反之则淡薄。茶多酚氧化度低，茶汤刺激性和收敛性就强。酯型儿茶素含量高则涩味重，简单型儿茶素含量高则涩味轻，二者比例适当则茶汤协调感和适口感好、韵味好。

三、茶多酚的保健功能

茶叶十大保健功能中，除了醒脑（茶叶中的生物碱能兴奋中枢神经）、健齿（茶叶中氟含量高常喝能健齿）、明目（茶叶中含有多种维生素，其中维生素 A、维生素 D、维生素 B_2 对维持视网膜正常机能有益）三大功能和茶多酚无关外，其余七大保健功能都和茶多酚有关。

1. 养颜美容抗衰老
人体衰老的过程本质上就是细胞的氧化过程。茶多酚是天然的抗氧化剂，在体内具有足够的抗氧化能力。茶多酚能高效清除过量的自由基，促使形成褐斑的脂褐质分解，提高溶酶体的酶活性，加速黑色素降解，清除色斑，增加皮肤弹性，从而达到抗衰老的目的。

2. 防癌抗癌
癌症主要是由细胞突变造成的。茶多酚可以有效地防止细胞突变发生，达到防癌抗癌的目的。茶多酚从以下四个方面起着抗癌作用：①茶多酚可以抑制癌细胞 DNA 的复制。②自由基作为一种致癌因子是众所周知的，茶多酚可以有效清除自由基而起到防癌抗癌作用。③茶多酚能起到抑制癌细胞的增殖作用。④茶多酚能抑制癌细胞的生长周期。

3. 抗辐射

茶多酚具有极强的防辐射损伤功效，这一作用是科学家对"二战"中日本原子弹爆炸幸存者的调查研究中发现的。

4. 降脂减肥

首先，茶多酚能促进脂肪酸代谢，加速脂肪分解，从而减少脂肪积累。茶多酚同时能抑制脂肪吸收，并有促进酯质化合物排出的作用。

其次，茶多酚能抑制淀粉酶、蔗糖酶、葡萄糖苷酶的活性，减少碳水化合物的吸收，从而防止由碳水化合物转化为脂肪引起的肥胖。

5. 预防心脑血管疾病

科学研究表明，茶多酚能明显降低胆固醇、甘油三酯、低密度脂蛋白固醇指标，能提高高密度脂蛋白固醇指标。因此，茶多酚不仅降血脂，而且能双向调节血脂，从而起到预防心脑血管疾病的作用。

6. 消炎、抑菌、抗病毒

茶多酚对微生物有抑制和杀灭双重作用，并可以抑制细菌毒素的活性和芽孢的萌发。茶多酚抑菌有极好的选择性，可以抑制有害菌生长而维持有益菌平衡。

7. 利尿通便

茶多酚能促进肠道蠕动达到利尿通便的目的，使身体有害物质及时排出体外，因此茶多酚有"最佳清洁卫士"之称。

此外，茶多酚还有抗过敏、降血糖、保护肠胃功能和调节免疫系统的作用。

第一节　树种的区别

大家都知道只有云南大叶种才能制作普洱茶,但云南大叶种分为很多品种。国家级的优良品种就有勐库大叶种、勐海大叶种和凤庆大叶种三个。云南省地方优良品种有 20 多个,如邦东大叶种、勐库长叶种、昌宁大叶种、忙肺大叶种、临沧黑叶种、鸣凤山大叶种、景谷大白茶、易武大叶种、帕沙大叶种、漭水大叶种等。这些不同的品种生长在不同的环境、不同的海拔,此外,不同的树龄和栽培管理方式等也会影响到茶叶内含物和茶叶品质。

普洱茶除了树种以外,同一树种不同的生长方式(比如野生还是人工栽培)不同的树龄(是古树、大树还是小树),都会对普洱茶品质产生影响;所以习惯喝普洱的人,经常会听到野生、古树、台地、茶园茶这些名词,可能很多茶友对此都是一头雾水。

野生茶是指生长在原始森林和原始次生林中的茶树,其生长和繁殖不受人为因素的干扰和影响,无人打理,自生自灭。通常,各种树龄的茶树混生在一起。目前发现的树龄最长的野生茶树是勐库大雪山一号野生大茶树,树龄约达 2700 年。

古树茶又叫乔木茶、大树茶、老树茶,是指由祖先栽培的已经长成了大树、需要爬到树上采茶的茶树,一般指树龄在百年以上的老茶树。

茶园茶是指通过条播、密植、修剪、矮化，集中连片大规模种植，方便采摘管理的茶树。

台地茶是相对于高山茶而言的叫法，不过现在有不少茶客把茶园茶也称为台地茶。高山茶是指生长于高海拔、高山上的茶树；台地茶与高山茶对应，指生长于低海拔、平坦开阔地区的茶树。

第二节　海拔的区别

俗话说，"高山云雾出好茶"。的确是这样，不同海拔从气候、降雨、温度、湿度、土壤、光照、地温、生长周期等多个方面影响着茶叶的品质。

图 4.1 云遮雾罩的云南茶山

在适当的高度范围内，海拔越高，气温越低，越有利于茶树氮素的代谢，从而形成更多的蛋白质和氨基酸等含氮化合物，茶叶口感更为鲜爽。

一般而言，海拔越高，昼夜温差越大，白天光合作用积累的有机物质多，而夜间温度低呼吸作用消耗少，茶树可以累积更多的有机物。另外，高海拔山区云雾缭绕，长波光被云雾阻挡，穿透力强的短波光作用于茶树，合成更多的内含物。因此，高山茶中的有机物含量高，茶汤浓度好。

随着海拔升高，气压降低，空气稀薄，茶树的蒸腾作用加快，茶叶就会分泌出一种抵抗素来抑制水分的过度蒸腾。这种抵抗素就是茶叶的芳香物质。所以，高山茶香气相对较高，冲泡后杯底留香，持续时间较长。

总体说来，高山茶口感鲜爽，茶汤饱和度好，香高绵长。

第三节　地域的区别

按普洱茶地理标志产品保护范围，云南省的 11 个地市为普洱茶原产地，包括普洱市、西双版纳傣族自治州、临沧市、昆明市、大理白族自治州、保山市、德宏傣族景颇族自治州、楚雄彝族自治州、红河哈尼族彝族自治州、玉溪市、文山壮族苗族自治州等 11 个州市所属的 600 多个乡镇。因此，非上述地理标志保护范围内地区生产的茶不能叫普洱茶，云南的茶叶生产企业到上述地理标志保护范围外的地区购买茶叶做成的茶产品也不能再叫普洱茶了。

虽然云南普洱茶产地为 11 个地市，但主产区在西双版纳、普洱和临沧三市，三市普洱茶产量占全省的 85%，特别是临沧市，其产量占全省的 1/3，因此有"云南普洱茶仓"之说。

从全省地理环境来说，滇东北气候偏干冷，茶树要适应环境和抗性，主要分布为云南大叶种中的中小叶种。滇西南偏湿热，更适宜大叶种茶树生长的热带雨林气候，主要分布为云南大叶种中的大叶种；云南三个国家级优良茶树品种有两个（勐库大叶种、凤庆大叶种）在临沧，一个（勐海大叶种）在西双版纳。所以，不同的地理环境条件下，茶叶的品质会有所不同。

第四节　树龄的区别

　　总体来说，树龄大的茶口感比树龄小的要好。因为随着茶树的生长，树根不断地往土壤深处扩展，树冠也越来越高大，根部吸收的地下营养物质和微量元素更多，树叶的生长环境也不一样，有更强的竞争优势和更好的光合作用环境。古树茶鲜叶中的茶多酚、可溶性糖、氨基酸、咖啡碱等化合物含量较其他茶树高，最主要的是，古树茶的内含物比例协调，所以古树茶口感比小树茶更好。

　　古树茶的香气深沉而厚重，停留时间长，口感较为丰富，茶汤清亮，入口滋味醇厚，苦涩味化出的甘性让人口腔生津，味久留于口腔、喉头，口感顺畅；叶底舒展程度好，有弹性，柔韧性好。

第五节　季节的区别

一、各个季节的茶如何划分

　　不同茶区茶季的划分是不一样的，主要受地理环境和气候条件的变化影响，就是同一区域也会因为树种和海拔高低不同而有所区别。就云南而言，三大主产区版纳、普洱和临沧也不同。版纳茶季较早，临沧要晚，滇北更晚。以临沧为例：

1.春茶
春茶指一般在3月上旬到5月中下旬采摘的茶叶。春茶又分为头春（头采）、

图 4.2 生长在香竹箐的有 3200 年树龄的栽培型古茶树

二春、三春（春尾）。头春茶是三春茶中品质最好的，也是各个季节中最好的茶。

2. 夏茶

夏茶一般指在 6 月上旬到 8 月上旬采摘的茶叶。夏茶一般也有三轮茶，只是因为夏茶三轮茶的品质差异不大，所以没有像春茶分得那么细。

3. 秋茶

从 8 月中下旬到 10 月中下旬采摘的茶称为秋茶。秋茶的首轮茶在 8 月中下旬发芽生长，此时正值当地稻谷抽穗扬花之时，这轮茶香气高而特殊，当地叫谷花茶或谷花香，谷花茶无论做成滇红还是普洱都是秋茶中最好的。

二、各个季节的茶有什么特色

1. 春茶

茶树经过一个冬天的光合作用和营养积淀，树体储备了丰富的营养物质。春茶芽叶肥硕，厚实，持嫩性好（芽叶不易老化），内含物丰富。再加上春天气候温暖、阳光适宜，促进茶树氮代谢，使得茶叶氨基酸含量高、内含物比例协调。

所以，春茶的主要特点是：香高、味浓、适口感好。但随着采摘次数的增加，芽叶会慢慢变小变薄，内含物也会相应减少。

2. 夏茶

6 月和 7 月不仅是云南的高温时节，也正好是雨季。茶树经过春茶的采摘，储存的营养物质已经大部分被消耗。高温和强日照使茶叶生长快，老化也快，茶树氮代谢减弱，碳代谢增强。

所以，夏茶的特点是持嫩性差，不像春茶三叶四叶还是嫩的，夏茶可能二叶三叶就变老了。

其次，夏茶芽头瘦长，叶片单薄，内含物多酚类含量高，氨基酸含量低，协调性差，苦涩味突出。

另外，夏季雨水多，传统茶农做茶遇上雨天就会用柴火烘干。所以，传统普洱茶出现烟味、水闷味很可能就是夏茶。

3. 秋茶

秋季的气候特点是秋高气爽、昼夜温差大，有利于茶树氮代谢、营养物质储备和芳香物质合成。

所以，秋茶的特点是芽头肥硕，茶毫显露，条形色泽漂亮。香气高雅，滋味鲜爽，但浓厚度赶不上春茶。

三、如何鉴别普洱春夏秋茶

1. 看外形

春茶条形肥硕，整齐，色泽暗绿匀整，老梗老叶碎末少；夏茶色泽黑褐发暗，花杂，条形粗松，老梗老叶碎末多；秋茶芽头肥长，颜色漂亮，茶毫显露。

2. 品内质

春茶香气高长，滋味浓厚，苦涩味轻，韵味好，耐冲泡，叶底肥厚柔软，匀整明亮；夏茶香气不如春茶，口感苦涩味重，茶汤协调感差，叶底质硬，花杂；秋茶香气高雅，口感鲜爽，浓厚度不如春茶，叶底明亮。

3. 鉴别小技巧

（1）鱼叶鉴别法。

春茶，特别是头春茶，干茶里会有一种比小指甲还小的薄薄的黄片，叫鱼叶。鱼叶是因为茶树越冬而导致发育不成熟的一片叶，只有头春茶才有。特点是小而薄，没有叶脉和锯齿，发育不完全。有鱼叶的茶肯定是头春茶。

（2）嫩茎鉴别法。

茶叶中那些一芽二叶或者三叶的茎，如果一头嫩一头老，甚至木质化，肯定是夏茶。

（3）茶花茶果鉴别法。

头春茶、二春茶里都不会有茶花茶果，但三春茶（春尾）会有绿豆大小的茶花苞。如果茶叶里夹杂有小花苞或者小茶果，肯定是夏茶。秋茶因为茶果已经长大，采摘很难将茶果带进来，所以也不会有茶花茶果。

总的说来，头春茶和夏茶是比较好区分的，其他茶的区别不是很明显，还需要平时多看多比较。

第六节　级别的区别

普洱茶级别主要是根据原料老嫩程度来分。原料嫩则芽头多，条形紧细；原料粗老芽头少，条形粗松，黄片、老梗、碎末多。根据国家标准，普洱茶级内分为11级，级外2级。以下是普洱茶的分级标准。

普洱茶级别的划分是以嫩度为基础的，嫩度越高的级别也越高，衡量嫩度的高低主要看三点，一是看芽头的多少，芽头多，显毫，嫩度好；二是看条索（叶片卷紧的程度）紧结、重实的程度，紧结、重实的嫩度好；三是色泽光润的程度，色泽光润、润泽的嫩度好，色泽干枯的嫩度差。

特级外型条索紧直较细，显毫；内质汤色红浓，陈香浓郁，滋味醇厚，叶底较褐红细嫩。

一级外型条索紧结稍嫩，较显毫；内质汤色红浓，滋味醇和，香气浓纯，叶底褐红肥嫩。

三级外形条索紧结，尚显毫；内质汤色红浓，滋味醇和，香气浓纯，叶底褐红柔软。

五级外形条索坚实，略显毫；内质汤色深红，滋味醇和，香气纯正，叶底褐红欠匀，尚柔软。

七级外型形条索肥壮，紧实，色泽褐红，稍灰，内质汤色深红，滋味醇和，香气纯和，叶底褐红欠匀，尚嫩。

八级外形条索肥壮，色泽褐红稍灰；内质汤色深红，滋味醇和，香气纯和，叶底褐红欠匀，尚嫩。

九级外形条索粗大尚紧实，色泽褐红稍灰；内质汤色深红，滋味醇和，香气纯和，叶底褐红欠匀，尚嫩。

十级外形条索稍松，色泽褐红稍花；内质汤色深红，滋味平和，香气平和，叶底褐红稍粗。

第一节　普洱茶初制工艺流程

普洱茶的初制工艺比较简单，分为杀青、揉捻、干燥（晒干）三道工序；如果细分，可分为杀青、摊凉、揉捻、解块、晒干五道工序。

一、杀青

同一片茶叶，可以做出红、绿、黑、白、青、黄六大茶类来，主要是由不同的工艺技术决定的，所以六大茶类也是根据工艺特点来划分的。

对于六大茶类而言，每一茶类都有相应的关键工艺，如红茶的发酵工艺、绿茶的杀青工艺、黑茶的渥堆工艺、白茶的干燥工艺、青茶的做青工艺、黄茶的闷黄工艺。

杀青是绿茶的关键工艺和第一道工序，但杀青也是黑茶和黄茶的第一道工序。

杀青有三个目的：一是钝化茶叶中多酚氧化酶的活性，以保证茶叶在下一道揉捻工序中不会变红。二是使鲜叶由脆变软，便于揉捻成条。三是散失部分水分，

图 5.1 勐库戎氏普洱茶初制车间

图 5.2 勐库戎氏普洱茶手工杀青

图 5.3 勐库戎氏普洱茶手工揉捻

图 5.4 勐库戎氏普洱茶封闭式晒场

利于后期干燥，也会使茶叶内含物发生变化，茶叶香气由青草味变为清香。

杀青根据技术不同可分为手工杀青和机器杀青。

传统手工杀青有水潦杀青、蒸锅杀青和炒锅杀青。水潦杀青和蒸锅杀青在中华人民共和国成立后已经被淘汰，所以，现在保留的手工杀青也就只有炒锅杀青了。

机器杀青主要使用锅式杀青机、滚筒杀青机和蒸汽杀青机进行杀青。蒸汽杀青机（蒸青）主要在日本的玉绿茶和云南的蒸酶绿茶生茶中使用，锅式杀青机在一些小规模茶厂中使用，滚筒杀青机是现在应用最多的。

普洱茶杀青的目的和绿茶基本一样，但技术要求有明显不同。绿茶杀青要求高温快速，锅温在200℃以上，叶温要在短时间内达到70℃以上，从而较好地保持绿茶的绿汤绿叶和清香。

普洱茶杀青相对绿茶而言温度要低得多，所以也有人称之为低温杀青。锅温一般不超过120℃，所以需要较长时间叶温才能达到70℃以上。

普洱茶保留下来的这种杀青方式可能蕴含着重大的科学道理。最近的科学研究表明，普洱茶中的一些有益菌的孢子可以耐120℃的高温。这些在杀青中保留下来的孢子在以后合适的温、湿度条件下萌发，对普洱茶的后发酵至关重要。

普洱茶的杀青工艺对普洱茶品质的形成十分重要。杀青不足，会出现红梗红叶，还会出现红茶的香气口感。杀青过重会有鱼眼泡，焦尖焦边，口感会有烟焦味和水闷味。

通过杀青的茶叶要及时摊凉，以减少高温湿热对茶叶的伤害。

普洱茶百科

二、 揉捻

经过摊凉的茶青进入揉捻工序，揉捻一般都用揉茶机揉捻，少量也可以手工揉捻。一些低档粗老原料也可以趁热揉捻，有利于成条。

普洱茶的揉捻比普通红茶绿茶的揉捻偏轻，这也是同样的原料做成红茶或者绿茶没有普洱茶耐泡的原因之一。

揉捻的投茶量根据揉茶机型号大小决定，一般达到揉茶桶 3/4 比较合适，太多不利于茶叶翻转，太少容易形成扁条，揉捻过程中适当加压。

普洱茶揉捻一般不会要求达到红绿茶的条形紧结、紧细、紧实的程度，达到比较粗松的泥鳅条就可以了。如果茶叶有结块现象，那就要经过解块后再进入干燥程序。

三、 干燥

普洱茶的干燥只有晒青工艺。就是用日光晒干，而炒青、烘青都是绿茶的干燥工艺。其实绿茶也有晒青工艺，但绿茶晒青工艺原始落后，对品质影响较大，在 20 世纪五六十年代已经被淘汰。

普洱毛茶晒干一般晒到含水量 13% 以下就可以了，直观感觉是茶条坚硬，用手用力捏茶条可以捏成碎末状。

第二节　几个易混淆的初制工艺

一、蒸青、炒青、烘青、晒青

1. 蒸青茶的品质特点

蒸青属于一种杀青工艺方式。以蒸汽作为热源来达到茶叶杀青目的，叫蒸汽杀青。以蒸汽杀青方式生产的茶叶简称蒸青茶。蒸汽杀青是我国传统的手工杀青方法之一，后来慢慢被炒锅杀青取代。现在传统手工蒸锅杀青只在少部分地方还有保留。

现代制茶的蒸汽杀青主要使用蒸汽杀青机杀青。这种杀青方式在日本被广泛使用，国内云南的蒸酶茶和湖北的玉露茶也使用蒸汽杀青。现代蒸汽杀青机利用高温高压蒸汽迅速提高鲜叶温度，快速破坏鲜叶中酶活性，在极短的时间内完成杀青过程，较好地保留了鲜叶中叶绿素的形态。

正是因为蒸汽杀青的高温快速，从而较完整地保留了茶叶的绿色，所以蒸青绿茶的品质特点就是成品茶的"三绿"：干茶色泽深绿、茶汤碧绿和叶底翠绿。蒸青茶的绿是其他杀青工艺无法比拟的。蒸青绿茶香气以清香为主，略带青气，滋味鲜爽，但涩味偏重。

值得说明的是，云南的蒸酶茶，茶叶干燥后还有车色工艺，成品茶颜色灰绿，光亮油顺，熟板栗香气馥郁，茶汤浓烈。

2. 炒青茶的品质特点

炒青是一种干燥工艺方式。炒青绿茶是茶叶在不断的炒制过程中完成干燥而得名。由于茶叶在干燥过程中受到机械或手工操作用力的不同，成品茶形成了长条形、圆形、扁形等不同的形状。根据成品茶形状不同又分为长炒青、圆炒青、扁炒青等。

（1）长炒青。

条形紧细直长。绿茶中大部分品种都是长炒青。像屯绿（屯溪）、婺绿（婺源）、芜绿（芜湖），名优茶中的仙毫、毛尖、松针等，都属于长炒青。长炒青的品质特征：条索细紧挺直，色泽绿润起霜，显毫或隐毫，香气高鲜，滋味浓爽，汤色、叶底绿微黄明亮。

（2）圆炒青。

外形呈圆型或者卷曲型，主要的知名品种有洞庭碧螺春、平水珠茶和涌溪火青等。平水珠茶外形细圆紧结似珍珠，因历史上毛茶集中于绍兴平水镇精制和集散，故称"平水珠茶"或称平绿，是圆炒青的典型代表。

（3）扁炒青。

扁炒青主要特点是外形扁平。知名茶叶品种有龙井、旗枪、大方三种。龙井产于杭州市西湖区，又称西湖龙井。鲜叶采摘细嫩，要求芽叶均匀未展叶的单芽。高级龙井做工特别精细，具有"色绿、香郁、味甘、形美"的品质特征。旗枪产于杭州龙井茶区及四周毗邻的余杭、富阳、萧山等地，鲜叶要求为一芽一叶初展。大方产于安徽省歙县和浙江临安、淳安毗邻地区，以歙县老竹大方最为著名。

3. 烘青茶的品质特点

烘青是一种干燥工艺方式。用烘笼或者烘干机进行干燥的叫烘青绿茶，简称烘青。常规烘青毛茶经再加工精制后大部分用作熏制花茶的茶胚。烘青绿茶因为在干燥过程中没有炒青绿茶的翻动、碰撞和再紧条作用，所以条形相对比较完整，有锋苗，碎末茶少，但条形较粗松，这也是其有利于吸香而适合做花茶胚的原因。香气一般不及炒青高，汤色清亮，口感浓厚度不及炒青。

全国也有不少名优茶采用烘青或者半烘半炒工艺。如大家熟悉的黄山毛峰、太平猴魁、六安瓜片、峨眉毛峰等。

4. 晒青茶的品质特点

晒青是一种干燥工艺方式。晒青就是用日光进行干燥。历史上也有用晒青工艺来加工绿茶的，主要分布在湖南、湖北、广东、广西、四川，云南、贵州等省。但因为晒青对绿茶品质影响较大，现在已经基本上被淘汰。当前保留的晒青工艺主要是以云南大叶种为原料，作为普洱茶初制工艺而存在的。所以，一说到晒青，就只能是普洱茶了。

二、 普洱茶和烘青滇绿的区别

同样是以云南大叶种为原料，经晒青工艺加工出来的是普洱茶，只有普洱茶才具有越陈越香的存放价值。经烘干工艺加工出来的是云南绿茶（简称滇绿），是不具有存放价值的。那么，普通消费者要怎么样才能区别普洱茶和烘青滇绿呢？

1. 普洱生茶和烘青绿茶的区别

区分普洱生茶和烘青绿茶主要从干茶（色泽、香气）和开汤（香气、汤色、口感、耐泡度和叶底）几个方面加以区别。

（1）干茶。

干茶主要从干茶的颜色和香气来辨别。

干茶色泽：烘青绿茶色泽呈暗绿或者青绿色，而晒青毛茶为黄绿色或者暗黄色。

干茶香气：烘青绿茶香气高，有典型的栗香味（熟板栗香）。晒青毛茶香气不张扬，显清香，有典型的日腥味（太阳味）。

（2）开汤。

开汤主要从香气、汤色、口感、耐泡度和叶底几方面来辨别。

香气：一是香气的类型不同，烘青绿茶以清香和栗香为主，晒青茶以清香、花香、蜜香为主。二是香气高低不同，烘青绿茶香气高、张扬，晒青毛茶香气含蓄、

内敛、沉稳。三是感觉香气的部位不同，烘青绿茶香气主要在叶底，挂杯香很弱；而晒青茶恰好相反，香气主要在挂杯香，叶底香不明显。

汤色：烘青绿茶汤色以绿色为主，浅绿或者青绿。晒青茶汤色深，以黄为主，黄绿、淡黄、栗黄色。

滋味：烘青绿茶滋味鲜爽，刺激性强，苦涩味重，回味欠缺；晒青茶口感醇厚、纯和，苦涩味轻，回味丰富。

耐泡度：烘青绿茶耐泡度不如晒青茶，用盖碗冲泡烘青绿茶在十泡以内；晒青茶可以冲泡十五道以上。

叶底：叶底主要是从叶底颜色来区别。烘青绿茶叶底嫩绿色或者黄绿色，晒青茶叶底呈暗绿色或者暗黄色。

2. 普洱熟茶和用烘青绿茶胚加工熟茶的区别

很多喝普洱茶的朋友可能只听说过普洱生茶有拼配烘青茶，而很少听说过普洱熟茶用非普洱原料加工。其实在普洱茶价格高于普通绿茶的时候，就有不法商贩利用四川、广西、福建、贵州等地的绿茶、花茶胚渥堆发酵冒充普洱熟茶。

单独的这类熟茶其实很好区别。汤色是红不红、绿不绿、黄不黄的典型的四不像。但如果拼入一定比例到熟茶里面，你就可能难以区分了。这里提醒一下，当你碰到以下情况你就得当心了。一是香气、口感不是典型的普洱熟茶的香气和口感。二是茶汤淡薄寡水。三是几道下去就走水了。

碰到这种情况你要看看干茶和叶底。如果干茶条形细小而毫少，茶条中有细小的茶梗（大叶种梗粗），而叶底又小而薄，缺乏弹性，碰到这种茶最好的办法就是敬而远之。

第一节　普洱茶的精制和拼配

一、普洱茶的精制

普洱茶经过初制以后的干茶叫毛茶。毛茶的老嫩、粗细、长短、净杂都不一致，品质混杂，所以精制的目的就是把品质不一的毛茶分成老嫩一致、粗细一致、长短一致、净度一致、品质划一的不同型号的筛号茶（半成品），然后根据需要按照国家标准或者企业标准拼配成不同级别的成品茶。

精制工艺流程主要是通过平园筛、抖筛、切碎、风选、拣梗等一系列机械工序，把毛茶的粗细、长短、老梗、黄片、碎末分开。虽然各厂家在工艺流程上可能会有不同，有的可能先平再抖，有的可能先抖再平，但原理都是一样的。

平园筛可以配置多面筛号不同的筛网，上粗下细。茶叶在平园筛上平移运动，分开不同长短的茶条。一般80目以下是扬灰，40~80目为末茶，24~40为碎茶，4~24目为正品茶，4目以上的粗条要通过切短后再筛分。熟茶最后留下在筛面上的就是茶头。

平园后的4~24孔茶再经过抖筛。抖筛也配置不同筛号的筛网，茶叶在抖筛上做跳跃运动，分开粗细不同的茶条。

风选是借助风力，将轻重不同的茶叶分开。离风源最近的口出来的是砂石，其次是正口、子口、次口、夹片、薄片、最后是粉尘。

拣梗机分阶梯式拣梗机和静电拣梗机两种。阶梯式拣梗机主要拣剔老梗和长梗；静电拣梗机主要拣剔筋毛类杂物。

一款毛茶通过精制出来几十个筛号茶，这些筛号茶只是半成品。拼配师根据需要，对照标准样进行外形和内质拼配。只有经过拼配以后才是成品茶。

二、普洱茶的拼配是绝对的，纯料是相对的

常看到这种场景：有些茶客来到茶店里，开口就问这款茶是纯料茶还是拼配茶？这让一些懂行又正直守信的店家不好回答。如果说是拼配的，大部分客人很可能扭头就走了；如果说是纯料，则欺骗了客人，着实让人为难。那么，什么是纯料？什么是拼配料？纯料是否比拼配料好？喝茶要不要追求纯料茶？

1. 拼配是绝对的，纯料是相对的

首先说说茶叶的拼配：拼配是绝对的，无拼不成茶。拼配是普洱茶压制前的最后一道工序，也是散装成品茶的最后一道工序。事实上，无论什么茶，都得有拼配这一关。

再说纯料：纯料是相对的，没有绝对的纯料。就拿纯料冰岛来说吧，它可能是由冰岛大树和小树拼的，也可能是由冰岛春、夏、秋茶拼的。如果是冰岛古树纯料，有可能是冰岛古树春茶、夏茶和秋茶拼的；也可能是由这一家的古树和另外几家的古树拼的。如果是纯料冰岛古树春茶，可能是由这几株和那几株拼的，也可能是头春、二春和春尾拼的。就拿单株来说吧，也得拼，有树尖的、树下的、阳面的和阴面的，今天采的，明天采的，头春的，二春的，不拼怎么可能呢？

2.拼配的原则

普洱茶的拼配原则可以归纳成十六字"扬长避短，显优隐劣，高低平衡，品质互补"。

（1）扬长避短。

扬长避短就是通过拼配以一款待拼茶的长处去弥补另一款待拼茶的短处，如春茶生产出来茶身骨重实，条形紧结，滋味浓醇；而秋茶生产出来的茶颜色漂亮，香气高，但滋味欠浓。不同茶区的香气、滋味和外形都有各自的优缺点，根据产品的特点，尽量发挥长处，克服短处，以长盖短，有机结合，突出产品的风格。

（2）显优隐劣。

精制茶的半成品都是筛号茶，由于原料的地区、级差、季节、山区、发酵程度轻重等存在差异，而各筛号茶又有大小、长短、粗细、轻重之别，其品质有高有低，有优有次。其中任何一款筛号茶，可能某几项因子较好，而另几项因子较次，成为劣势，拼配时要尽量把筛号茶的优势显现出来。

（3）高低平衡。

由于茶区、季节、山头、树种、工艺等不同，从而导致茶的品质也参差不齐，故需要平衡。如普洱熟茶的初制（渥堆）环节中，在发酵过程尚未用仪器、电脑控制的今天，受温度、湿度、空气、海拔、水质、茶叶含水量及原料储存时间长短的影响，发酵程度不可避免地会出现忽轻忽重，品质忽好忽次，香气、滋味、汤色、叶底某一批次与另一批次不一样的情况，有的会造成滋味上的千差万别，更需要平衡。高低平衡贯穿整个拼配的始终，从而保证了同一产品质量的相对稳定。

（4）品质互补。

一款茶的外形内质，色香味形，都会有优有劣。A款茶的优点刚好能弥补B款茶的缺点，而B款茶的优点又能弥补A款茶的缺陷，这样，两款茶一拼，就能起到一加一大于二的效果。

3. 拼配的方法

（1）等级拼配。

普洱茶的原料等级根据外形和内质分为特级、一至十级共 11 个等级。等级拼配就是指选用不同等级的原料拼配在一起，使拼配后的茶叶外形、内质都能达到这一级别的品质要求，使同一级别的茶粗细、长短、老嫩基本一致。这是最常见的一种拼配方式，几乎涵盖了所有的普洱紧压茶。

（2）茶山拼配。

云南茶山众多，每座茶山的口感几乎都存在差异，每一座山头的茶都有自己的特点，但香气口感相对比较单一。茶山拼配，选用不同山头的茶拼配在一起，使茶叶香气口感更加丰富多彩，更加富有层次。

（3）茶种拼配。

普洱茶树种中有古树、大树、小树、野生、台地树等之分，云南大叶种还有大叶种、中叶种、小叶种之分。不同树种的品质性状各有不同，如：勐库大叶种内含物丰富，香高味浓，但茶性刚烈；一些中小叶种内含物相对较低，但茶性柔绵；老曼峨种苦味重，帕沙种甜味足；茶种拼配就是指不同茶种原料间按一定比例进行拼配，以达到显优隐劣、提高品质的目的。

（4）季节拼配。

普洱茶按采摘季节有春茶、夏茶和秋茶之分，春茶还有头春、二春和春尾之分。不同季节的普洱茶各具特色：春茶条形紧实、浓度好、韵味足，秋茶香气好、颜色亮，夏茶苦涩味重、条形粗杂；季节拼配就是将春、夏、秋不同时段采摘的茶进行相互拼配，以达到取长补短，平衡品质的目的。

（5）新老拼配。

新老拼配指把不同年份的半成品茶拼配在一起，常见的有去年的秋茶和今年春茶的新茶拼配。普洱茶也有新老拼配，以提高新茶出厂口感。

（6）大小树拼配。

大树茶价格高，小树茶价格便宜，大树小树拼配可以降低产品成本，以满足不同消费层次的需求。

总而言之，拼配作为一门工艺，是每一款茶都必须经历的，所以说无拼不成茶；拼配作为一门技术，是茶厂平衡品质、发挥效益的重要保证。所以，所谓的纯料都是相对的，单一的山头古树茶也不一定会比多山头古树拼配好。

第二节　普洱熟茶的渥堆发酵

普洱圈内有句行话叫作"喝熟茶，存新茶，品老茶"，足见普洱熟茶在行业中的地位。作为一个普洱茶爱好者，占据普洱茶半壁江山的熟茶是一个绕不开的话题。

一、普洱熟茶的发展历史

普洱熟茶的产生和发展，是普洱茶市场对老生茶的强烈需求驱动下产生和发展起来的。从 20 世纪 40 年代到 60 年代，普洱茶行业包括制茶人和销售商在内的一批人一直在寻找如何快速地使普洱新茶达到汤红、味醇、质厚、水滑、香纯的普洱老茶的品饮效果。为此，包括香港、广州和云南的厂家都积累了一些经验，最终于 1973 年在昆明茶厂研制成功并通过工艺技术认证，随后在云南各大国营茶厂陆续推广应用，也就是现在云南厂家广为应用的熟茶渥堆（发酵）工艺技术。

普洱熟茶技术的研制成功，其工艺技术具有革命性创新，在普洱茶历史上具有跨时代的意义，为普洱茶的发展繁荣在工艺上奠定了坚实基础，从消费品饮口感和保健功能方面都大大扩展了原有空间。

请记住以下这几个茶厂的首批熟茶，能品尝到就是你的造化。但需要注意的是，一是要真品，二是要首批。

（1）昆明茶厂：73 厚砖（1973 年）。（2）勐海茶厂：7452 饼茶（1974 年），7572 饼茶（1975 年）。（3）下关茶厂：7663 沱茶（1976 年）。

二、普洱熟茶的工艺技术

形成普洱熟茶最关键的工艺就是渥堆（发酵）工艺，在特定的温度、湿度、透气的环境条件下，茶叶在湿热作用、微生物作用和酶促作用下完成一系列的氧化、分解、聚合、络合反应。普洱茶香气由清香变成熟香，汤色由浅变深，滋味由苦涩变醇厚，口感由刺激转柔绵，水路由硬转滑，生茶转化成熟茶。

熟茶渥堆成败的关键是控制好水、热、气，原则是有利于有益菌生长，不利于霉菌等有害菌繁殖。不能发生霉变，不能出现馊酸味，不能烧堆烂堆。

加水量一般占干茶的 25%~35%，原则是高档茶少加，低档茶多加；水多湿度大，影响升温和通气；水少太干，不利于有益菌繁殖。渥堆温度一般控制在 35~60 度之间，高温容易造成烧堆，温度低容易出现酸味；温度过高或者内外温、湿度差别大时，就要进行翻堆。

普洱熟茶渥堆时间根据不同气候环境一般在 60~80 天，中间需要翻堆 6~10 次。由于渥堆是普洱熟茶的关键工艺，因此各厂家都把渥堆技术作为核心机密进行不断研究创新，近年来云南普洱熟茶的渥堆技术在不断进步，日臻完善。如勐库戎氏首创的离地渥堆技术，更加干净卫生，受到业内的普遍认可。

三、普洱熟茶的营养价值和保健功能

首先，普洱熟茶的营养价值比同等品质的生茶更高，这是因为普洱熟茶在渥堆过程中一系列的有益菌活动产生的活性酶，可以将茶叶中不溶于水的大分子分解成能溶于水的小分子。如将纤维素、淀粉、不溶性果胶等多糖，分解成可溶于水的小分子单糖和双糖；将不溶于水的蛋白质分解成可溶于水的氨基酸；所以熟茶的水浸出物含量更高，能喝到的营养物质更多。

图 6.1 普洱茶渥堆车间

图 6.2 普洱茶渥堆熟茶翻堆

图 6.3 技术人员检查渥堆情况

普洱熟茶不仅具备茶叶的十大保健功能，而且具有一些独特的保健作用；普洱熟茶在渥堆过程中络合形成的大分子，对肠胃有保护和顺滑作用；普洱熟茶渥堆过程中形成的脂肪分解酶，可以加速脂肪分解，降脂减肥效果更好；渥堆过程中形成的洛伐他汀，是唯一在普洱熟茶中提取到的功能性物质，能有效抑制胆固醇的生物合成，从而降低胆固醇含量。此外，普洱熟茶在防辐射、抗突变、降血糖、增强免疫力等方面效果更加明显。

四、普洱熟茶的挑选和品鉴

普洱熟茶是普洱生茶在一定的温湿度环境条件下快速转化的产物。其档次高低和质量好坏一是看茶叶的原料级别，二是看渥堆技术。

普洱熟茶大部分都会经过精制，做成级别茶。各级别茶中以宫廷最好，依次为特级、一级、三级、五级、七级、九级、级外、茶头、茶末等。现在因为普洱熟茶的一些高端需求，也有用单芽、古树料渥堆的熟茶，但用名山古树、

图6.4 当年的普洱熟茶

图6.5 十年的普洱熟饼

图6.6 二十年的普洱熟沱

野生等稀有原料渥堆的熟茶还是很少见到。

渥堆适度的熟茶色泽呈栗褐色，香气纯正，汤色红亮，叶底匀整；出现馊酸味，霉味，则是渥堆失败造成的；汤色发暗，叶底碳化，则是渥堆过度造成的；出现苦涩味，汤色不红，叶底出现青绿色，则是渥堆不足造成的。

好的普洱熟茶喝起来纯滑甘甜，纯是最重要的，香气口感都要纯正，没有异味杂味。有泥腥味、土腥味、碱味等都不是好茶。有馊酸味、霉味就是渥堆失败的茶叶，建议不要饮用。茶汤要明亮、红亮、透亮、油亮。浑汤或者酱油汤最好别喝。口感醇厚、柔绵滑顺为上，淡、薄、寡水者为下。回味甘甜为上，发干、锁喉为下。

五、普洱熟茶的存放和转化规律

虽然普洱熟茶的出现是为现喝而准备的，但普洱熟茶还是和普洱生茶一样越放越好。特别是刚出厂的普洱熟茶还是不太适合饮用，必须要放一放。太新的熟茶都会有渥堆味，就是我们常说的泥腥味、土腥味等不太舒服的味道。新的熟茶还会浑汤，甚至会出现品饮后口腔发干的现象，部分人群品饮后还会上火。所以，普洱熟茶要放置一年以上，让堆味退去后再饮用。

正因为普洱熟茶工艺 1973 年才定型，加上普洱熟茶以现喝为主，很少有人将熟茶当生茶一样长时间存放，所以现在老的熟茶尤其珍贵，要喝到 40 年左右的熟茶已经相当不易。要研究普洱熟茶的存放转化规律也只能在这四十几年内进行比较。根据现有的普洱熟茶的转化规律，大致可以分为以下四个时期。

1. 1~5 年
熟茶经过 1~5 年的存放，渥堆味已经基本上退去，茶叶呈现出熟茶特有的纯正熟香，汤色红亮，口感纯厚柔绵，水路滑顺，可以饮用。

2. 5~10 年
熟茶经过 5~10 年存放，熟茶香气会根据原料档次高低出现典型的香型，高档原料会出现荷香（干荷叶香），中高档原料会出现樟香，中低档原料会出现枣香。茶汤透亮，口感醇厚绵稠，水路油滑，适合日常品饮。

3．10~30 年

熟茶经过 10~30 年的存放，陈香出现并由弱转强，汤色油亮，口感由厚转活，由稠转爽，回甘生津明显增强，化感开始出现，适合品鉴。

4．30 年以上

30 年以上的熟茶在北方以陈香为主兼以花香，南方会出现木香、参香或者药香等老生茶的香气；茶汤入口即化，生津强烈，喉韵深远，拥有者自当珍惜。

第三节　普洱茶成品的压制

普洱紧压茶的最后一道工序是压制成型，普洱紧压茶的常见形状有瓜茶、饼茶、沱茶和砖茶，非常见的还有扁茶、茶柱、竹筒茶、元宝茶、葫芦茶、生肖茶以及各种形状工艺茶。无论什么形状，其工艺流程都要经过备料、蒸压、干燥、包装四个环节。

一、备料

备料也叫配料，普洱熟茶一般通过渥堆发酵精制后，已经拼配成半成品，则不需要另外配料；普洱生茶为了保持条形和芽叶完整，一般不再精制。那就需要将毛茶筛分去末，拣剔去除茶叶中的黄片、老梗、老叶和非茶类物质。然后拼配成所需要的档次级别备用。

二、蒸压

蒸压是紧压茶成型的关键环节，包括称重、蒸软、压制成型、摊凉。

图 6.7 普洱茶备料称重 　　　　　　　　图 6.8 普洱茶蒸压成型

图 6.9 普洱茶蒸压车间

图 6.10 普洱茶蒸压后晾干

1. 称重

毛茶称重是根据所压茶品来定，常规的沱茶一般是 100 克，饼茶 357 克，砖茶 250 克，瓜茶 1~2 千克。常规重量方便包装计量，100 克沱一包 5 个，正好 1 斤，但也有 250 克一沱，4 沱包装成 1 千克。饼茶 357 克，一提 7 饼，相当于五斤，一件装 12 提就是 30 千克，装 6 提就是 15 千克，现在装小件 4 提，刚好 10 千克。但现在也有压成 400 克、500 克一饼，饼型更大气，还有压制 1~8 千克的超大饼，适合长期存放。也有压成 300 克、200 克、100 克的小饼。砖茶一个 250 克，四个包装成一千克一包，但也有压 500 克或者 1~2 千克的大砖。压制体量的大小主要是根据个人喜好和需要而定。一般大体量的紧压茶适合长时间存放。

2. 蒸软

干毛茶必须通过高温蒸汽蒸软，蒸软后的茶叶才能塑型，蒸软也是增加茶叶水分和湿度，茶叶中的淀粉和果胶等黏性物质才能在压制过程中将茶叶黏合在一起。

蒸汽备制用水一定要干净卫生，最好用纯净水；蒸制时间根据蒸汽大小、压制茶叶分量和茶叶级别而定，以蒸软为度。分量轻蒸的时间要短，分量重蒸的时间要长；高档茶蒸制时间要短，低档茶蒸制时间可以相对延长。一般用高压蒸汽饼茶蒸制时间在 1~2 分钟就可以了。

蒸制时间过长对茶叶香气损失较大，长时间的高温高湿也会影响茶叶品质和后期干燥。蒸制不足难以压制成型，容易造成松脱现象。

3. 压制

普洱茶压制可分为机械压制和手工压制，一般沱茶、砖茶主要采用机械压制，饼茶可以手工也可以机械压制，瓜茶主要是手工压制。

机械压制一般采用金属模具，压力大，压得紧实、优点是生产量大、速度快、适合长期存放，缺点是难以开启。

人工压制饼茶一般是用石模，瓜茶有借助工具的也有不借助工具的。手工压制一般松紧度适合，适合茶叶转化和开启。缺点是生产速度慢，不适合规模化生产。

普洱茶压制过程也是造型过程，除了要注意压制松紧适度外，还要注意造型，外形要优美大气匀整，线条顺荡，边缘圆顺。不能出现厚薄不匀、外形变形、边缘锋利等现象。

三、干燥

压制定型后，紧压茶进入干燥环节。

毛茶水分含量在10%左右，通过蒸压后，茶叶含水量会上升到20%左右。

紧压茶的干燥要注意低温、慢速、干透。紧压茶干燥温度要控制在40度以下，高温快速容易造成茶体开裂；干燥时间在5~15天，体型大干燥时间要长，体型小容易干燥，所需时间就短。总的要求是要干透，水分控制在13%以下。

判断茶叶是否干透可以用称重法，如果毛茶水分含量合格，只要紧压茶回归到原来的重量就可以了，特别是大型的紧压茶，如果没有干透，就很容易造成烧心。

四、包装

紧压茶干燥后就及时包装。普洱茶一般用棉纸包装，单片包好封签后，饼茶要7饼一提再用竹笋叶包装成提，再装箱、刷唛、验收、入库。

第四节　普洱茶膏的制取

普洱茶膏是精选极品普洱茶，经过浸取、过滤、浓缩、干燥、定型而成。普洱茶膏生产工艺十分复杂，技术要求很高，出量极少。特别在清朝，普洱茶膏是禁止流入民间的皇家特权物品，其独特的品质、神奇的保健功能，使得普洱茶膏更显神奇、珍贵和神秘。

一、普洱茶膏的历史起源

据史料记载，茶膏制作始于唐代。南唐闽宗通文二年（937），就有茶膏入贡的记载："贡建州茶膏，胶似金缕。"到宋代已形成一定规模和比较成熟的加工技术。但由于茶膏制作需要长时间熬制，要花费大量的人力、物力，而且茶汤在熬制过程中，茶叶香气大量挥发，在长时间高温过程中，茶叶内含物也会发生氧化和水解，使茶膏的口感和原茶有很大不同，品饮价值降低。所以茶膏生产也慢慢被淘汰了。

后来，云南土司借鉴唐宋茶膏生产工艺，自制普洱茶膏，用以提高自己的身份，普洱茶茶膏成为一种奢侈品。由于普洱茶具有越陈越香、越陈越纯、越陈保健功能越好的特点，因此，普洱茶膏在长时间的熬制过程中，加快了茶的陈化和内含物的转化，使普洱茶膏一面世就具有与其他茶膏不同的品质和特点，具有其他茶膏无可比拟的品质优势。高贵、纯正、卫生、神奇，使普洱茶膏极受权贵们的青睐。

普洱茶膏随茶马古道传入西藏后，迅速被西藏上层人物接受并牢牢控制。清朝统一中国后，清朝皇室对普洱茶情有独钟，普洱茶独特的口感和保健功能使其很快成为皇家宫廷饮料。而被西藏上流社会所掌控的普洱茶膏更是引起了清王朝的关注，雍正七年（1729），清政府在云南设立普洱府，统管普洱茶交易及普洱贡茶的生产和加工，不准私商贩茶。同年，雍正皇帝责成云南总督鄂尔泰亲自监督，选最好的茶青制成普洱团茶、女儿茶及茶膏，进贡朝廷。自此，普洱茶膏开始了长达近200年的贡茶历程，直到清朝结束方止。清乾隆

第六章　普洱茶的再加工

年间，清王朝一是出于对普洱茶膏生产技术和普洱茶膏产品的垄断控制，二是为了提高普洱茶膏的生产技术和品质，把普洱茶膏的生产迁入皇宫御茶房。从此普洱茶膏成为宫廷制品，禁止流入民间。皇帝每年拿出部分普洱茶膏赏赐有功大臣，能得到普洱茶膏的大臣也如获至宝，不会轻易饮用而是珍藏起来。因此，民间更是难得一见。

二、 普洱茶膏的生产工艺

传统普洱茶膏生产工艺十分复杂，技术要求很高，这也是普洱茶膏十分珍贵的重要原因之一。据记载，传统的普洱茶膏生产需要186道工序，加工周期长达72天。根据其工艺分类大概可分为八大主要工序。

1. 选料
普洱茶膏生产用料的挑选十分精细和复杂。作为贡茶的普洱茶膏原料挑选，从山头、树种、树龄、时节、采摘的天气、时辰、芽叶标准等都有严格要求，采茶人员都是通过严格挑选和培训过的。

2. 初制
采摘的鲜叶经过杀青、揉捻、晒干后就是备用的普洱毛茶。这一系列初制工艺中的每道工序都有严格的技术要求。

3. 精选
初制后的毛茶要经过精选，挑出符合标准的芽叶，剔除不合格的芽叶。

4. 浸提
通过精选的干茶按茶水比的一定比例浸提。浸提的用水水源、水质水温、茶水比、浸提时间都有严格要求。

5. 过滤
浸提后茶汤需要严格过滤，如果过滤不干净，普洱茶膏溶解后就会出现浑汤，有杂质沉淀等现象而影响品质。

6. 浓缩

经过滤后的茶汤要通过反复熬制，不断蒸发水分，浓缩精华。

7. 干燥

茶汤浓缩到一定程度后进入干燥程序。干燥工序对温度要求十分严格，因为茶汤浓缩到一定程度后，茶汤已成膏状，温度高最容易造成茶膏糊化或焦化而影响茶膏品质。

8. 凝聚、定型、包装

干燥达到水分要求后，将茶膏倒入特制的模具内冷却、凝固、定型、包装。为继承和发扬普洱茶膏这一中华民族的传统文化瑰宝，根据普洱茶膏生产的传统工艺，茶叶工作者利用生物萃取、离心过滤、真空干燥等现代科学技术成功生产出普洱茶膏，不仅在茶膏纯度、卫生指标等方面比传统技术有了革命性提高，而且提高了出膏率，降低了人力、物力及能源的消耗。昔日皇家独享的神秘物，今天才能呈现在普洱茶爱好者的面前。

第七章 普洱茶的仓储及转化

第一节　普洱茶的仓储条件

喝普洱茶的人都知道，普洱茶越陈越香，越放越好。但这是有条件的，首先是要有好茶，其次还要有好的仓储，二者缺一不可。

一款好的普洱新茶，需要好的原料和好的工艺技术；一款好的陈年老茶，好的仓储环境至关重要。所以有老茶主要看仓储一说。一款好茶，如果储存不好，出现霉变，受到污染，吸收了异味，那就别说越陈越香了，茶本身也就失去饮用价值了。同一款茶，要是在不同地方、不同仓储环境下存放多年以后，可能就是两款不同的茶了。所以，不同仓储条件储存的普洱茶的品质特点及其转化规律是千差万别的。

一、普洱茶仓储的分类

普洱茶仓储种类繁多，可以说是一地一仓，仓仓不同。但根据仓储性质一般可分为专业仓和自然仓两大类。

1. 专业仓

专业仓可以分为湿仓和技术仓。专业仓也就是根据存茶目的人为营造一个特定的温湿度环境，使普洱茶达到预定的转化目标。

（1）湿仓。

湿仓，也叫入仓或者做仓，就是人为制造出高温、高湿度的环境，快速将新茶做老的一种方法。近似于但又不同于云南普洱茶厂家的渥堆发酵。渥堆是将生茶变成熟茶，湿仓是将新茶快速地变成假的老生茶。湿仓茶风险很大，十有八九都会有不同程度的霉变。湿仓茶主要在20世纪末和21世纪初的香港和马来西亚流行。由于近年来消费者品鉴水平提高和对湿仓茶的反感，湿仓茶现在已经明显减少，但老茶中还能经常见到湿仓茶的身影。

（2）技术仓。

技术仓是近十年才兴起来的一种普洱茶仓储方式，在南方湿度大的地区广为流行，云南产区近几年也有发展。技术仓是利用科技手段调节茶仓温湿度，在梅雨季节适当除湿，在冬季低温时适当增温，营造出一个适合普洱茶转化的环境。技术仓因为各仓技术水平不同和对普洱茶转化的理解不一样，因此储藏出来的茶品质也各有千秋，有些技术仓因为急功近利，所以出来的茶一样有仓味。

2. 自然仓

自然仓就是在自然环境下存放的普洱茶。由于东西南北各地的自然环境差异很大，所以不同自然仓出来的普洱茶也是千差万别。

自然仓以长江为界分为南方仓和北方仓。长江以南为南方仓，越往南越湿，以香港、马来最湿。长江以北为北方仓，越往北越干，以东北、内蒙为最干。

但在最南和最北之间，夹着各种各样的仓储，如华北仓、西北仓、江南仓、华南仓等。这还只是按大范围的分类，就以陕西为例，陕北、关中和陕南的差异就很大。

二、不同仓储普洱茶的品质特点

普洱茶千仓千味，本书就典型的普洱茶仓储说说其品质特点。

1. 湿仓茶的品质特点

这里所说的湿仓茶是指做仓茶或者入仓茶。湿仓茶外形条索松散，色泽灰暗，有霉味；刚出仓的汤色浑红，随着时间延长汤色会慢慢变得红亮；茶汤入口较利，水路滑顺，但会锁喉，就是嗓子发干发紧的感觉；叶底失去弹性，手捏成泥状。湿仓茶是一种不科学的普洱茶催老方法。大部分湿仓茶已经发生霉变，最好不要饮用。

2. 南方仓茶的品质特点

广义的南方仓种类很多，长江流域的贵州、湖南、江西、浙江等地的仓储和北方仓的南部中原地区、江淮地区比较接近；而两广、福建等沿海地区湿度大；香港、马来西亚等海洋性气候地区湿度最大。

没有采取防潮措施且在沿海地区长期存放的普洱茶，在梅雨季节都会发生霉变，这些茶和湿仓茶已没有多少区别。而这里所说的南方仓是指在标准仓储状态下的大规模存茶和梅雨季节有保护防潮措施的小批量存茶。

南方仓普洱茶茶汤颜色转化快，老茶汤色红亮；口感苦涩味退得快，汤厚质柔，水路滑顺；叶底红褐。缺点是香气低沉，有仓味（闷味或水闷味、泥腥味、土腥味、霉味）。

3. 技术仓茶的品质特点

普洱茶技术仓都有标准化库房和现代化温湿度调控设备，硬件设备都没有问题。问题是对普洱茶转化规律和普洱茶转化最佳温湿度环境的认识还没有定论。加上一些技术仓追求经济效益和转化速度，所以对一些技术仓储出来的普洱茶，虽然南方人称之为干仓茶，但北方人还是能喝出仓味来。

4. 北方仓茶的品质特点

北方仓是一个大范围,和南方仓一样,越往北越干,越往南越湿。江南地区和南方仓北边比较接近。北方仓普洱茶的特点是香气清新、清香,有花香、蜜香、果香,自然高雅,茶汤浓厚度好,回甘生津快,叶底柔软有弹性。缺点是茶汤色泽转化慢;苦涩味退得慢,口感不如南方仓滑顺,喝惯南方仓的人喝起来会感觉"干涩"。

三、不同仓储条件下普洱茶转化规律

就自然仓而言,由北往南,温湿度越来越高,普洱茶转化速度越来越快,尤其是汤色,但仓味也越来越重。由南往北,温湿度越来越低,转化速度越来越慢,尤其是汤色,但香气口感越来越纯净。

1. 南方仓茶的转化规律

南方仓存放的普洱茶香气由原来的自然的清香、花香、蜜香慢慢减弱,仓味慢慢出现;随着储存时间延长,相应出现陈香、木香;长时间的南方仓茶最后会出现参香、药香。南方仓普洱茶汤色由黄绿色到橙黄、栗黄、橙红、栗红、到深红(酒红)。滋味方面,苦涩味越来越轻,收敛性由强转弱;南方仓味重的中期茶可能会出现叮嘴、锁喉等现象;茶汤由浓强、厚实、绵柔、滑顺到油滑转化。

2. 北方仓茶的转化规律

北方仓普洱茶随着仓储时间延长香气由高转纯,由杂转雅;通常由新茶的青气、日腥气转化成清香、花香、花蜜香。随着储存时间延长,香味会慢慢入汤。汤色转化由黄绿、栗黄、橙红、红亮到红艳。但茶汤颜色的转化速度可能只有南方仓的 1/3 到 1/5。滋味由苦涩转甘甜,由刺激转化为醇厚;随着储存时间延长,水路越来越顺滑,喉韵越来越深沉。

四、对普洱茶不同仓储争议的看法

1. 本地人一般认可本地仓储

普洱茶仓储问题是一个很有争议的话题，主要是对南方仓和湿仓茶的认知理解不同造成的。南方一些消费者认为很干净的普洱茶，在部分北方消费者看来还是湿仓茶，甚至一些技术仓在北方消费者眼里还是有仓味。

这种原因主要是由于对普洱茶的适应性和习惯性造成的。一般消费者都认可本地仓储，因为一直喝到的就是这种味道。其次是对普洱茶的偏爱不同，北方消费者主要追求的是普洱茶的香气、回味和喉韵，南方消费者更看重茶汤的柔、绵、滑和水路。

2. 普洱茶转化的最佳温湿度没有定论

普洱茶究竟在什么样的温湿度环境存放转化最好？这个问题还没有科学的、系统的、权威的研究结论，现在有的都是经验性、推断性的一个数值范围。温度多高最好？湿度多大最好？温度湿度是恒定的好还是变化的好？这需要长时间研究才能得出结论。

3. 退仓问题

普洱湿仓茶的入仓和退仓是大家熟悉的话题。入仓，先前说过了，就是湿仓或做仓。退仓有两种情况，可能是南方仓到北方仓进行退仓，也可能是湿仓茶进行技术退仓。

在南方保存比较好的自然仓，且存放时间不长，仓味较轻，在北方干仓环境条件下经过一段时间存放，仓味是可以退去的。不过这个时间的长短要视仓味轻重而定，如果仓味重，是需要很长时间的。

真正的湿仓茶和沿海未加保护长时间存放的霉变过的茶，是没办法退仓的。霉变过的茶用什么办法也变不回来了，就像是米饭变成了酒，不可能再把酒变回米饭一样。现在一些所谓的技术退仓办法也只能退去部分霉味，其内在的质变是没有办法改变的。

4. 南方仓老茶

现在喝到的老茶（印级茶、号级茶）基本上都是南方仓。2000年听到一位普洱界名人说"喝普洱茶要喝早期红印（20世纪30~40年代的印级茶）和号级茶，喝晚期红印（20世纪50~60年代的印级茶）还有点早"。当时感觉奇怪，难道存放了五六十年的茶还不能喝？后来在2005年喝到了五六十年代的两款茶，感觉不是太好，有仓味，还叮嘴。2010年有幸喝到了一款号级茶和一款末代紧茶，完全颠覆了我对南方仓茶的看法。茶的参香、药香不用说，关键是茶汤入口和回味的感觉让我一生难忘。茶汤入口无味，但茶汤的稠和厚以及对口腔的融合度、层次感，加上随之而来的强烈的生津、回甘都是以前从未感觉过的。这应该就是无味至味、无味百味的感觉了，也只有号级茶才会产生这种体验。和晚期红印的感觉完全是两回事，茶已经发生了质的变化和升华。这时候才理解当年那位名人的话。遗憾的是，没有喝到过这么长时间的干仓老茶，不知道百年的干仓老茶喝起来会是什么样的体验。

第二节　影响普洱茶转化的因素

时间能改变一切，这句话用到普洱茶上是再恰当不过了。有人说普洱茶是有生命的茶，一点不错，因为普洱茶从生产到消费的整个过程都一直处于变化之中。普洱茶的千变万化和越陈越香、越放越好的特点正是其吸引广大普洱茶爱好者的重要原因。

一、为什么普洱茶能越陈越香

六大茶类中大部分茶要喝新茶，储存期过一年就不好喝了。普洱茶会越陈越香，原因在哪里呢？

1. 大叶种原料是物质基础

云南大叶种茶叶内含物丰富，水浸出物含量高，尤其是多酚类物质要高出小叶种1/3。云南大叶种水浸出物含量在42%~48%之间，一般小叶种水浸出物含量低于40%。特别是作为茶叶精华和灵魂物质的茶多酚，大叶种含量更是远远高于中小叶种。正是云南大叶种丰富的内含物，为普洱茶越陈越香提供了物质基础。

2. 晒青工艺是必备条件

普洱茶的加工从晒青、揉捻、干燥的每一道工序，都是为了普洱茶的后续变化准备的。普洱茶的杀青，不像绿茶、青茶、黄茶的高温杀青，而是低温杀青。低温杀青使普洱茶保留了较多的有益菌的孢子，从而为普洱茶后期转化留下了有益菌种。

普洱茶独特的晒青工艺，和其他所有茶叶高温快速的烘干炒干不同，是利用阳光慢慢晒干。阳光对茶叶内含物本身的影响到现在还不太明白，但阳光晒干避免了高温烘干炒干对菌类和酶类的伤害是显而易见的。普洱茶必须是晒青工艺，不是晒青工艺就做不出普洱茶。

3. 有益菌是核心内容

如果说普洱茶是有生命的茶，那普洱茶的生命就是体现在有益菌的活动上。如果没有有益菌的活动，普洱茶就和其他茶一样失去了生命，就不会有越陈越香、越放越好这一说了，所以说有益菌是普洱茶越陈越香的核心内容。

以前人们将地球上的生物分为动物界和植物界，现在有科学家建议要增加一个菌物界。事实上微生物的种类要比动物或者植物的种类更多，而且动植物的生存也离不开它们。

微生物的神奇大家应该知道，我们日常生活中随处可见，我们在粮食中加入一种酵母菌就可以酿酒，而加入另一种酵母菌则可以做成面包或者馒头。微生物是人类致病的主要原因，也是人类用来治病的主要手段。

目前从普洱茶分离出来的有益菌有黑曲霉属、根霉属、灰绿曲霉属、酵母属、青霉属、链霉菌属和乳酸杆菌等。

二、 普洱茶越陈越香的机理

普洱茶在存放过程中的质量转化，虽然是多方面因素的综合作用，其中有自然的氧化，有湿热作用，但最主要、最关键、最核心的还是微生物的作用。

国家在制定普洱茶标准时，就充分考虑了普洱茶后续转化的相关因素。比如茶叶的含水量，国家标准规定的的绿茶、红茶、青茶、黄茶含水量都不能高于7%，但普洱茶可以达到12%。较高的含水量就是为微生物的活动提供合适的环境条件。

从事普洱茶微生物研究的科技工作者已经从普洱茶中分离出众多优势菌类，这些菌类及其在普洱茶存放转化过程中起的作用如下。

1. 黑曲霉属
黑曲霉富含柠檬酸、单宁酸、葡萄糖酸、草酸、抗坏血酸。其产生的果胶酶可以将普洱茶中的不溶性果胶分解成可溶性果胶，从而增加茶汤的粘稠度和适口感。其产生的葡萄糖淀粉酶和纤维素酶可以将普洱茶中不溶于水的淀粉和纤维素分解成可溶于水的葡萄糖和果糖，增加茶汤的甜度。其产生的酸性蛋白酶能将不溶于水的蛋白质分解成氨基酸，增加茶汤的鲜爽感。其产生的单宁酸能水解单宁，产生没食子酸，使普洱茶汤变成深红色。

2. 根霉属
根霉属真菌有独特的凝乳酶，能凝聚生成芳香的酯类物质。根霉发酵时产生的乳酸，能使普洱茶汤产生黏滑、醇厚的口感。

3. 青霉属
青霉属类产生的高纤维素酶也能分解普洱茶中的纤维素，增加单糖、双塘含量，使茶汤更甘甜；青霉属菌的次代谢产物有丰富的葡萄糖苷酶和壳聚糖酶等生物活性酶，具有抗菌、调节机体免疫力、抗肿瘤的功效。其产生的青霉素有抑制其他杂菌的作用。

4. 酵母菌

酵母菌富含蛋白质、氨基酸、多种 B 族维生素和生物活性酶。普洱茶转化中最具特色的茶多酚氧化聚合、蛋白质降解、碳水化合物分解及各产物之间的聚合反应，使茶汤色泽由浅变深，滋味由薄变厚，这都和酵母菌的活动有关。

此外，普洱茶中的灰绿曲霉、乳酸杆菌、链霉菌、灰色细球菌等，也对普洱茶后期转化发挥着作用。

第三节　普洱茶储存过程的转化规律

说普洱茶越陈越香虽然突出的只是香，但实际上老的普洱茶不仅仅只是香气的变化，其综合品质都有提升，特别是茶汤的甘甜、厚度、水路的滑度、喉韵和体感都和新茶有质的区别。

1. 香气的转化

新的普洱生茶香气比较杂，最突出的可能是青味和日腥味，这是新茶不可避免的。但随着存放时间的延长，青气和非主体的香会慢慢退去，而主体的，典型的香会慢慢显露出来，而且香会慢慢入汤，陈香慢慢显现，感觉纯正而高雅。

新的普洱熟茶都会有一种不愉快的渥堆味，像泥腥味、土腥味、碱味等。通过存放，这种渥堆味会慢慢退去消失，熟茶正常的熟香或者普香出现。时间一长，主体的熟茶香如樟香、荷香、枣香、陈香等愉快高雅的香气就会呈现出来。

2. 汤色的转化

新的普洱生茶汤色黄绿，随着存放时间的延长，汤色由浅变深，由黄绿、浅黄、栗黄、栗红到深红。

新的普洱熟茶汤色虽红但都会有浑汤现象，随着存放时间延长，茶汤由浑转明，由明转亮，直至油亮。

3. 口感的转化

新的普洱生茶最突出的感觉可能就是苦涩味重，茶汤硬，收敛刺激性强。但随着存放时间的延长，多酚类的氧化聚合，茶汤苦涩味逐步变轻，甘甜出现，茶汤柔绵厚稠的质感慢慢体现，水路慢慢变得滑顺，喉韵从无到有且越来越深。

太新的普洱熟茶不适合饮用，味杂不说，更主要的是喝得喉咙不舒服，嗓子会有发干发紧的感觉，部分人群喝了新的熟茶还会上火。随着存放时间延长，杂味慢慢退去，茶汤由绵到滑，由滑到化。老的熟茶茶汤入口即化，非常难得。

4. 体感（茶气）的转化

喝普洱新茶的感觉主要是在口腔里，能喝出来体感的新茶是非常少的。但老茶就不一样了，因为老茶在存放过程中，一些不溶于水的大分子化合物如纤维素、淀粉、蛋白质、不溶性果胶经过微生物和酶类的分解，变成可溶于水的单糖、双糖、氨基酸、可溶性果胶。所以，喝老茶能喝到更多的营养物质。这些营养物质才是产生体感的物质基础，所以喝老茶的体感会来得快而强烈。

第四节　普洱茶原料和工艺技术对后期转化的影响

说普洱茶是能喝的"古董"，越陈越香，这是大家公认的。喝老茶，存新茶也是业内的共识。但什么样的普洱茶才值得收藏，值得期待，才能越放越好？为什么有些普洱茶转化快，有些转化慢，有些还越放越差？这是大家在挑选新茶时所关心的问题。

一、什么样的普洱茶会越陈越香

普洱茶的转化是一个很复杂的生物、化学过程和湿热的综合氧化、分解、络合过程。转化过程是茶叶和茶汤的颜色由浅到深、香气由杂到纯、茶汤越来越亮、滋味越来越纯、苦涩味由重到轻、喉韵由浅到深的过程。

其实，只要是真正的普洱茶，而且存放得当，都会越陈越香，只不过原料级别高低不同转化快慢也不一样。

那么，我们首先要搞清楚，什么才是真正的普洱茶。真正的普洱茶，一是其原料来源必须是云南大叶种。如果不是云南大叶种而是其他地区的中小叶种加工出来的茶，就没有存放价值，茶叶就会越放越差。二是其加工工艺必须是晒青工艺。如果用云南大叶种原料采用的是炒青、烘青等其他工艺加工的，也不是真正的普洱茶，只是云南绿茶。有些厂家，为了提高茶叶的香味，使用了炒青工艺；还有的厂家为了提高产量，用的烘青工艺，把茶叶放到烘干机里高温烘干。这样制作出来的茶都不会越陈越香。

总而言之，只要是用云南大叶种原料按晒青工艺加工出来的茶叶，就是真正的普洱茶，都会越放越好。

二、普洱茶原料对后期转化的影响

同样是云南大叶种，也是用晒青工艺加工的，但用不同的原料制成，其后期的转化速度是不一样的。

1. 不同栽培方式的影响

普洱茶树根据栽培方式不同可分为野生茶、古树茶和茶园茶。由于不同栽培方式的茶叶内含物含量和内含物构成的比例不一样，所以后期转化会表现出差异。野生茶转化最快，古树茶次之，茶园茶（台地茶）最慢。

2. 不同季节的影响

不同季节的茶叶原料老嫩度和内含物都有差异。一般春茶内含物丰富，内含物比例协调，转化快；夏茶内含物协调性差，苦涩味重，转化慢。

3. 不同原料级别的影响

内含物含量的高低是普洱茶转化的物质基础。高级别的普洱茶内含物丰富，转化快；低级别普洱茶内含物少，转化慢。这就是好茶放五六年就好喝了，而低档茶可能要放十几年才好喝的原因。

常有人问："是不是喝起来苦涩味重的新茶后期转化会更惊艳？"也不能这样简单判断。因为苦涩味重并不代表这款茶内含物丰富，更有可能是内含物比例不协调。普洱茶讲究的是口感协调性，苦涩太重、口感不协调就说明内含物比例失调，后期转化慢。如果茶汤浓厚度好，虽有适当的苦涩味，但是化得快，也许后期转化会有惊艳的表现。

三、普洱茶的加工工艺对后期转化的影响

普洱茶生茶工艺分为两部分：初制加工工艺和成品茶加工工艺。其中，初制分为杀青、摊凉、揉捻、解块和晒干5道工序。成品工艺分为拣剔、拼配、称重、蒸压、干燥和包装6道工序。熟茶在初制和成品加工之间还会有渥堆发酵和精制工序。

影响后期转化的主要有以下加工工序：杀青、干燥、蒸压和熟茶的渥堆发酵。

1. 杀青
普洱茶杀青过度，茶叶会出现焦尖、焦边，茶汤会出现小黑点，口感会有烟焦味，这种烟焦味需要很长时间才能散去，影响茶叶转化。杀青偏轻会有红梗红叶，会出现红茶的香气口感，同样影响后期转化。

2. 干燥
普洱茶干燥必须是阳光晒干，如果烘干就是绿茶了，用烘干的绿茶压成的"普洱茶"只会越放越差。不过还有一种情况，就是遇到阴雨天，茶叶不能完全晒干，茶农会继续用柴火烘干，这种半烘晒的普洱茶会有烟味，转化也会比正常晒干的慢。

3. 蒸压
普洱茶压制的松紧度会影响后期的转化，压得松有利于前期转化，压得紧有利于长期转化，所以压制松紧度合适比较好。但需要长期存放、传世代代的东西，

一定要压紧实。

4. 渥堆发酵

渥堆发酵是普洱熟茶的关键工艺，渥堆工艺的成败不仅影响熟茶的品质，也影响后期转化。如果发酵过轻，茶叶的苦涩味物质在后期转化慢，十年都很难褪净。轻发酵普洱茶喝起来有苦涩味，叶底泛绿或者呈暗绿色。如果发酵过度，茶叶内含物损失太多，存放久了也不会有什么好的变化。重发酵普洱茶茶汤平淡，口感迟钝、淡薄，汤色发暗，叶底呈暗褐色或者黑褐色。适度发酵的普洱熟茶香气纯正，汤色浓艳，口感厚实，饱满，水路滑顺，回味甘甜，叶底柔软，明亮有活性，呈红褐色或褐色。这样的熟茶才具有存放和转化价值。

图 7.1 勐库戎氏本味大成

图 7.2 觅香普洱熟茶

第五节 家庭怎么存放普洱茶

普洱茶越陈越香，所以喝普洱茶的朋友都会有存新茶、喝老茶的习惯，家里或多或少都会存些茶。但存茶也会有风险：存得好会越陈越香，存得不当则可能会失去饮用价值。那么怎么样才能存好普洱茶呢？在家里存茶需要注意些什么呢？

一、家庭存茶的方法

在家里存茶，一是要注意选择一个合适的存茶地点，二是要选择好存茶容器。

1. 存茶地点的选择

家里存茶不是专业存茶或商业存茶。没有专门的库房和专人管理，所以要选择好合适的存茶位置。

家庭存茶地点的选择原则一是要干燥、干净，离厨房和卫生间等有水源、有污染的地方比较远。二是没有异味的地方或者离异味源较远。三是太阳晒不到、风吹不到、雨淋不到的地方。

如果你存茶较多，家里条件也允许的话，最好有一间专门的茶室，供你喝茶和存茶用。如果没有专门的房子存茶，那家里供选择的地方还有书房、卧室。万一没有别的地方可以选择了，客厅和封闭式阳台也可以。但一定不能放厨房、车库和地下室。

2. 存茶容器的选择

家庭存茶最好是整件存，其次是整提存。散提最好拼成件。包装容器以原装为最好。

散茶、散片可以选择紫砂缸、瓷缸、陶缸、瓦缸、纸箱、木箱等作为容器。但要注意所有的缸要清洗干净。纸箱、木箱要用装过茶的原箱或者没有异味的新箱。不能用装过其他食品的旧箱，更不能用装过非食品的纸箱，也不能把普洱茶放入衣柜或者冰柜。

二、家庭存茶注意事项

在家里存茶，要特别注意防潮、防异味和避光。另外，存茶区域要清洁，尽量集中存放，同时生熟要分开存放，适度通风透气。

1. 防潮

防潮是普洱茶存放的重中之重，特别是南方，必须高度重视，一旦受潮霉变，就前功尽弃。

整件存放要在地面架设架空层，一楼在离地面 20 厘米用木板架设架空层，楼上居住者也最好架设 10 厘米的架空层。

如果用缸存放的，则缸上面要用棉纸、棕垫或者布垫盖好。在梅雨季节到来封闭门窗，有条件的也可以在房间放一箱生石灰吸潮。或者用除湿机除湿。少量的普洱茶可以在梅雨季节到来时装入大的塑料袋内，待梅雨季节过后再取出来。

2. 防异味

茶叶容易吸收异味，而且异味吸进去以后就没有办法再出来，所以所有有异味的东西都不能和普洱茶放在一起。家里的烟酒、香皂、驱蚊用品、护肤化妆用品等，都要远离普洱茶。家里有点香习惯的，点香的房间不能放茶。在客厅放有普洱茶，如果有客人吸烟，要及时开窗通风透气。

3. 避光

光线照射对普洱茶损伤很大，如果单饼茶在茶架上摆上三五年，这茶基本上就报废了。

光线破坏的是普洱茶内部的分子结构，所以是不可逆转的。受光线伤害的普洱茶香气口感都会有一种风化味（这是一种很不舒服的杂味，类似灰尘、烟尘一类的杂味）。

因为普洱茶需要长期存放，更需要高度重视。整件、整提一般都有内外包装，不会见光。但如果把茶存放在阳台上，还得在箱子上面加上覆盖物。散茶和散片必须入箱入缸，上面加盖。

4. 集中存放

普洱茶一定要集中存放，不要散放。集中存放的普洱茶能聚香聚气，更有利于保持茶叶的本真。

码成堆的比单件存放好，整件比单提存放好，整提比散片存放好。

5. 生熟分开

生熟分开是相对的。并不是说生茶熟茶不能放在同一个库房，主要是散提、散片和散茶别装在同一个箱子或者同一个缸里，以免生熟串味。

最后，补充说明一下"通风透气"。我们平时经常听说，普洱茶存放要注意"通风透气"。其实普洱茶存放是否需要通风透气要看情况来定，是有条件的。专业的库房是不需要通风透气的。家庭存茶的房间有异味进去了，那就得及时打开门窗透气。另外就是南方梅雨季节过后，或者连续的阴雨后天气放晴，相对湿度降低了，这时要及时打开门窗通风透气。

第八章 普洱茶的品鉴、欣赏与选购

第一节　喝普洱茶的四种境界

　　中国是最早发现和利用茶叶的国家。从神农尝百草开始，茶叶经历了从药用到饮用、从奢侈品到普通日常饮料的过程。所以茶叶可俗可雅，雅俗共赏。俗到开门七件事，柴米油盐酱醋茶，成为日常生活之必需。雅至琴棋书画诗酒茶，进入七大雅事之列，能登大雅之堂。在这俗雅之间，喝普洱茶可以分为四种境界。您喝茶又处于哪一种境界呢？

一、生活之境

　　普洱茶之生活之境：从元代开始，茶就从奢侈品的行列走向了平民百姓阶层。"教你当家不当家，及至当家乱如麻；早起开门七件事，柴米油盐酱醋茶。"茶成为和柴米油盐一样重要的生活必需品。日常生活中，饿了吃饭，渴了喝茶。无论是喝是饮，那都是身体之必需，生理之需要。如果你喝普洱茶只是为解渴而饮，那你就还是处于生活之境。

二、世用之境

　　普洱茶之世用之境：官场、商场、职场、情场之用。在人际交往中，普洱茶充当了最好的稀释剂、顺滑剂、调节剂或者黏合剂的作用。在人际关系的聚散和迎来送往中，普洱茶这雅俗皆宜之物，可以恰如其分地充当醉翁之意不在酒、普洱之意不在茶的角色。如果你喝普洱茶只是当作朋友聚会媒介，作为情感交流的平台，作为维系关系的纽带，那你喝普洱茶就处在世用之境。

三、诗意之境

普洱茶之诗意之境：无论三五朋友小聚，还是柳荫月下独酌，花好月圆，春宽梦窄。不管是茶楼小聚，曲水流觞，还是流水白云，自采茶煎；得遇一壶好的普洱茶，不仅身体得到极大的满足，而且精神得到充分愉悦。普洱茶成了我们升华生活方式的载体。茶与诗词，茶与歌舞，茶与书法，茶与字画，茶与佛，茶与道，茶与禅，茶与花道、香道，这些和普洱茶的有机结合，使你的身体潜能得以充分发挥，使你的才华得以充分展现，使你的精神得以升华，使你平凡的生活更加丰富多彩，使精神世界更加充实。如果你喝普洱茶不仅是身体满足，而且感觉到愉悦心身、激发潜能，你就进入了诗意之境。

四、天人之境

普洱茶之天人之境：这是喝普洱茶的最高境界，不必在意新老生熟，不会计较器皿物件，不会注意身外之物，此时此刻只要有人有茶，你就能心灵空明，茶人一体，我即是茶，茶即是我，实现茶与人的心灵交流，物人对话。能达到茶人合一、物人对话的人不多，但确实有。只要你努力去用心感悟，说不定有一天你就达到了这种境界。

第二节　普洱茶品饮前的功课

这里所说的普洱茶品饮前的功课不是指一般茶叶品饮前的备茶、备水、洁具等普通工作，而是指普洱茶在品饮前必须要做且能提高品饮感受的工作，主要有开茶和醒茶等内容。

一、 普洱茶开茶——温柔一刀还是浴火重生

普洱茶绝大部分是紧压茶，砖、沱、饼、瓜，一个个都压得紧紧的。喝茶之前首先得开茶，没有过经历的朋友可能就犯难了，用手掰的，用榔头砸的，用螺丝刀撬的，甚至还有把菜刀都用上的。开茶本身也是一项技术活，究竟应该怎么样正确开茶？

开启普洱紧压茶有两种方法，一种是传统的开启方法，就是用高温蒸汽蒸散；另一种就是借助工具（茶刀或者茶针）开启。

1. 蒸散法

普洱紧压茶本身就是利用高温蒸汽将茶叶蒸软，然后压紧成团的。蒸散法就是再次利用高温蒸汽将茶叶蒸散还原。

（1）方法：准备一口蒸锅，蒸馒的锅比较好，但要注意清洗干净，大小以能放下要蒸的茶就可以了。再在上面铺上干净的纱布，在水烧开后将茶叶放上去。

蒸的时间长短主要根据茶体大小和蒸汽强弱来定，一般也就是三五分钟，体型大的茶需要蒸的时间要长，体型小需要蒸的时间就短，原则上是茶叶里外都软化了就可以将茶叶拿出来。

茶叶出锅后要趁热迅速将茶叶揉散，摊凉在准备好的竹盘或者干净的纱布上，放在阴凉处晾干，直到茶叶用手一捏就能碎成粉末时方可装入容器内存储。

蒸散的茶叶要在茶罐中存放 2~3 个月，茶叶自然的香气出现后就可以饮用了。

（2）优点：蒸散法一是能有效地保持茶型的完整，不碎茶；二是对铁模和机械压制紧实的茶，手工不易开启的茶，蒸散法是不错的选择，适用于沱茶和机械压制的砖茶饼茶；三是一些有轻微异味或者轻微仓味的茶，通过蒸散后能挥发掉大部分的异味和仓味。

（3）缺点：高档普洱茶通过蒸散法开茶，对茶叶的香气影响较大，所以通过蒸散法开启的茶叶必须通过较长时间的存放，香气才能重新聚集回来。

2. 工具开启法

工具开启法就是利用茶刀或者茶针将紧压茶弄散，平时叫开茶、启茶或者撬茶。

（1）方法：首先得准备工具，就是茶刀或者茶针，茶刀适合开启比较松的老茶、手工石模压制的饼茶和个体比较大的茶体；茶针适合开启体型较小的沱茶、小饼和机械压得紧实的饼茶、砖茶。

开茶时，刀应该顺着茶的纹路由外及里慢慢地均匀用力，不能用蛮劲；还要知道进退有度，在茶刀遇阻的地方就换个方向再开；把握好落刀点、方向和力度；撬出来的普洱茶整而不碎，大小均匀，厚薄适中，才适合冲泡。

茶砖、茶饼的开茶：茶砖和茶饼的茶条基本上是一层一层的分布。因此，开茶时茶刀应该选择从饼和砖的侧面进刀，再一层一层地启开；而不是选择在砖茶或者饼茶的面上下刀，这样不仅刀进不去，而且伤茶，弄出来的茶肯定都是碎末。

瓜茶、沱茶的开茶：瓜茶和沱茶的茶条是呈圆形包裹状分布，开茶时茶刀应该从瓜或者沱的外侧面下刀，再一层一层地剥开；而不是选择在瓜或者沱的顶部或者底部下刀，这样是很难打开的。

竹筒茶：竹筒茶首先用刀将竹筒劈开，取出圆柱形茶叶，然后用茶刀或者茶针开成5~8克的茶片备用。

茶柱：茶柱茶体很大，一般去除外包装后再分段取茶，用大茶刀先分成一千克左右的段，然后用茶刀开成薄片，再将薄片分成小块备用。

图 8.1 普洱饼茶的开启

图 8.2 普洱砖茶的开启

图 8.3 普洱茶瓜茶的开启

图 8.4 普洱沱茶的开启

（2）优点：工具开茶有两大优点，一是方便，随时随地都可以进行，不像蒸散法，得准备蒸锅，加温设备，还得晾干存放；二是不伤茶性，香气口感不受影响。所以，工具开茶是广大茶友最广泛使用的开茶方法。

（3）缺点：工具开茶最主要的缺点就是容易碎茶，特别是压得比较实的茶，一饼茶撬下来，碎末不少。

3.注意事项

（1）蒸散时一定要注意不能蒸得过度,以松散能揉开就行,蒸过度了茶汁流出,对普洱茶的香气、茶气影响很大。对于体型大的紧压茶，可以二次蒸，第一次将蒸软的茶揉下来后，将里面没有蒸软的再继续蒸一次，不能因为里面的还没有松软而长时间蒸着。

（2）用工具开茶时需要注意保护自己的手不要被茶刀所伤，茶刀的行进方向应该和握茶的手指方向一致，如果和握茶的手指方向相对是很容易伤手的。

（3）用茶刀开茶时，当茶刀进入茶饼后，应该适当用力将茶刀柄抬起将茶饼撬开，而不能将茶刀旋转使茶饼撬开，从而减少碎茶。

二、普洱茶醒茶——唤醒沉睡的灵魂

说普洱茶是有生命的茶，是因为普洱茶在存放过程中确实一直在不断地变化，而且普洱茶在存放过程中微生物活动也全程存在。普洱茶从长时间的存放到打开饮用，从紧压到解压，从密闭到开放，从沉睡到唤醒，需要一个过程，这个过程就叫醒茶。

1. 普洱茶为什么需要醒茶

（1）实践证明普洱紧压茶需要醒茶。

喝普洱茶都会有这样一种体验，一饼茶撬开后，在随后的品饮过程中会感觉到越来越好喝，一饼茶喝完后，再开一饼同样的茶，感觉没有前面的好喝，但喝着喝着又好喝了。这种差异其实就是醒茶和没有醒茶造成的，刚撬开的茶没有经过醒茶，在后来慢慢的品饮过程中，也就是茶叶慢慢的醒茶过程，所以会感觉越来越好喝。

（2）普洱紧压茶内含物的转化需要醒茶。

众所周知，普洱茶属于紧压茶，需要长期存放，而且越陈越香。普洱茶压制成型后十分紧结，茶体中几乎没有空隙，包装也十分严密，单饼包装后要整提包严，然后还要整件签封。在长期的存放过程中，茶叶在微生物和湿热作用下一直在慢慢地转化、分解、氧化、聚合、络合，在密闭、紧压、缺氧的环境下，紧压茶在转化过程中会形成大量的中间体，这些中间体在开放环境中撬开后和空气中的氧气接触，其转化速度是很快的，也许可以达到正常储存时期的若干倍。就像一盆炭火，上面有灰烬盖着，你可能都不知道里面有火，但只要你将上面的灰烬去掉，就会立刻散发出光和热来。所以，醒茶会起到事半功倍的效果。

（3）可以帮助仓储不良的老茶去掉部分异味。普洱老茶经过长时间的存放，绝大部分都不是在标准的仓储状态下存放的，所以有些仓味、潮味、闷味、泥腥味、土腥味、木头味等不正常的异味在所难免，这些老茶喝前通过醒茶可以散发掉部分异味，喝起来更加纯正舒适。

2. 普洱茶如何醒茶

（1）正常普洱茶的醒茶：普洱紧压茶无论生熟，无论瓜、饼、砖、沱，饮用前首先要开茶。开茶可以根据需要选用蒸汽开茶法或者手工开茶法，原则上压得紧实的难以手工开启的紧压茶和有轻微异味的茶可以选用蒸汽开茶。蒸汽开茶将茶蒸软后揉散，晾干，然后装入茶缸内避光保存，一般2~3个月就可以达到醒茶效果了。

手工开茶法就是用茶刀或者茶针将紧压茶撬开，撬成厚薄均匀、颗粒大小基本上差不多的小块，然后装入茶缸内，避光保存1~2个月，醒茶就基本上完成了。

（2）有异味的普洱茶的醒茶：普洱茶在存放过程中如果串味了，有轻微的异味或者仓味，在去掉包装后首先在通风干燥的阴凉处晾上几天，异味减轻后再开茶，开茶后还要继续在干燥阴凉处晾放，等到基本上闻不到异味后才能装入茶缸，在茶缸中避光存放2~3月就可以达到醒茶目的。

3. 冲泡前的醒茶

如果前面的醒茶叫作干醒，那么冲泡前的醒茶就可以叫作湿醒。湿醒是普洱紧压茶最后的醒茶，也是彻底激活普洱茶的关键一步。

大家都熟悉普洱茶的洗茶，也有人叫作润茶。就是泡茶前用沸水将茶叶冲洗一遍。洗茶和醒茶表面一样但内涵却有本质的不同，关键是看泡茶人的目的。如果泡茶人把这一过程当作洗茶，目的是清洗一下茶叶表面的灰尘杂物，他会用沸水冲洗一下茶叶，倒掉后就会进入正规的泡茶程序；如果泡茶人把这一过程当作醒茶，目的是在泡茶前彻底地唤醒和激活茶叶，他会适当降低水温，注水后会浸润几秒钟再出水，出水后还会停留几秒让茶块浸润松散得差不多了才会注水进入正常泡茶程序。

一样的动作和步骤，不一样的内涵，泡出来的茶汤口感是不一样的。

这是正常紧压茶的湿醒法，要是不正常的紧压茶，一些湿仓老茶，湿醒就比较复杂了。下面介绍两种湿仓老茶的湿醒法。

（1）水浴法。
对一些湿仓老茶，湿醒法除了激活茶叶外，还有去除仓味目的。

方法是将仓味重的茶叶放入紫砂壶中，然后用沸水反反复复地浇淋壶身，使壶内的茶叶受热，松弛，膨胀，将茶叶中的异味随着水汽散发出来，从而减轻品饮的仓味。

（2）气浴法。
气浴法和水浴法原理一样，方法略有区别。气浴法是将烧水壶的壶盖揭开，水沸后将放好茶叶的紫砂壶置于其上，让蒸汽加热壶身使茶叶受热，松弛，膨胀，将茶叶中的异味随着水汽散发出来，从而有效地减轻仓味。

第三节　普洱茶的鉴赏

普洱茶的鉴赏主要从普洱茶的色、香、味、气、韵五方面来感觉、体验和鉴赏。

一、普洱茶之色——不色也迷人

"色香味形"是构成茶叶审评的四要素。其实不仅仅是茶叶审评，在饮食文化中衡量美食标准的四要素也是"色香味形"。在四要素中色是排在首位，这是因为颜色是早于香和味进入你的视野和大脑。鲜艳、明亮、活泼的色泽就能勾起你的食欲。

图 8.5　油顺漂亮的老生茶干茶色泽

图 8.6　油亮的生茶汤色

图 8.7　漂亮的宝石红熟茶汤色

图 8.8　光泽匀整的叶底

　　普洱茶的颜色也是构成普洱茶品质高低的因素之一。一款新茶你一看干茶颜色就可能判断其原料级别的高低；一款老茶一看干茶颜色就可以判断其仓储状况；还有就是汤色，普洱茶老喝家一看出汤颜色大概就能判断这款茶的原料档次、仓储情况和大概年份了。

　　普洱茶的迷人之处很大程度上是茶汤的赏心悦目，一款上好的普洱茶，其汤色带金圈，如油裹，像凝脂，似宝石，比玛瑙、琥珀还要光彩夺目、艳丽迷人。在你还未品味茶汤之前，就已经开启了你的视觉盛宴。

普洱茶的色泽主要由干茶色泽、茶汤颜色和叶底色泽三方面组成。

1.普洱茶干茶色泽
普洱干茶的颜色可以帮助我们辨别普洱新茶原料档次的高低，辨别普洱老茶的仓储状况。

（1）普洱生茶。
普洱生茶新茶呈暗绿色，级别高的新茶显毫，呈银灰色甚至银白色，随着存放时间延长，颜色越来越深，由暗绿色到暗黄色；老的生茶色泽暗红色或者红褐色，有油顺光泽。湿仓或者霉变的生茶色泽灰暗或者暗褐色，枯燥无光泽。

（2）普洱熟茶。
普洱熟茶干茶色泽呈褐色，高级别熟茶芽头多，呈红褐色，低级别熟茶呈暗褐色；老的熟茶呈深褐色，油光显露。

2.普洱茶汤色
普洱茶在冲泡过程中给人的第一印象就是汤色，好茶必有好的汤色，不喝就能有几分感觉，油亮艳丽的茶汤肯定会有不错的口感。

（1）普洱生茶汤色。
普洱生茶新茶的汤色黄绿明亮，随着存放时间延长汤色会越来越深，由黄绿、黄亮、橙黄、橙红、栗红转变。无论任何阶段的生茶茶汤，要亮不能暗，要透不能浑。

（2）普洱熟茶汤色。
普洱熟茶新茶汤色红浓，随着存放时间延长，汤色由红浓向红明、红亮、透亮、油亮、红艳转变。和生茶汤色一样，熟茶汤色要明、透、亮、油、艳，不能浑、暗、黑、沉。

3.普洱茶叶底颜色
普洱茶叶底颜色是对普洱茶原料、工艺和仓储好坏的验证因子之一。

（1）普洱生茶叶底颜色。

普洱生茶新茶叶底黄绿光亮，色泽匀整，由新到老叶底颜色变化是由黄绿、浅黄、栗黄、浅红、栗红到深红。无论任何时期的生茶叶底都要明亮匀整；花、杂、暗、黑、褐都不是好的生茶应该有的色泽。

（2）普洱熟茶叶底颜色。

普洱熟茶叶底褐色，或者暗褐色、暗红色，色泽匀整，有光泽；熟茶叶底黑色或者黑褐色都不是正常的色泽。

判断普洱茶的好坏次劣，你就从"察颜观色"开始，辨别哪些颜色是普洱茶正常的颜色，哪些是不正常的颜色，碰上不正常的颜色，你就得特别小心。

二、普洱茶之香——闻香识普洱

普洱茶的香气是普洱茶审评的重要因素之一，也是构成普洱茶品质的重要组成部分。普洱茶香型十分复杂，目前已经分离出来的香型就有100多种。普洱茶香气的类型、雅俗、高低、长短、浓淡、纯杂决定着普洱茶档次的高低和优劣。

普洱茶香气重在自然，浓而不腻，清而不扬，重而不闷，显而不繁。以雅致、内敛、含蓄、深沉、稳重而受到普洱茶爱好者称道和追崇。

1. 如何感受普洱茶香

品鉴普洱茶首先要学会鉴赏普洱茶之香。在整个普洱茶冲泡品饮过程中，你可以全程感受和体验香型的千变万化，欣赏普洱茶香带来的精神享受和身体上的愉悦。

闻香鉴别普洱茶的优劣，也得从全程中去感受，从细节中去辨别。

（1）感受普洱茶的正常香气。

感受普洱茶的香气纯杂、雅俗、高低、长短是否有不正常的水味、闷味、腥味、堆味、沤味、烟味、霉味、泥腥味、土腥味、馊酸味等。

（2）从各环节辨别不同的香味。

第一，开箱或者开包闻香。整箱茶开箱，或者整提茶打开时，闻一闻箱内是茶香还是有异味，特别是老茶，开箱味可以帮助你辨别茶叶的仓储情况，干仓茶开箱就能闻到愉悦的自然的茶香；湿仓茶或者受潮的茶开箱会闻到闷味、潮味、霉味。

第二，开茶闻干香。一饼茶打开包装后首先闻闻茶饼的香气，新的生茶应该闻到正常的茶叶清香，不应该有其他的非茶异味；老生茶应该闻到陈香或者木香，不应该有霉味、闷味、腥味。新的熟茶应该以熟香为主，有少许堆味是正常的，但不应该有馊酸味或者霉味；老熟茶应该以陈香为主，不能有霉味、闷味、潮味。

如果干茶闻茶饼面或者饼背面香气太弱或者不典型，你还可以在茶饼开启后闻一闻茶饼上刀痕（刀痕香）处的香，这里的香气要比饼面明显得多。

第三，冲泡鉴香。普洱茶冲泡时应该从以下这几个方面鉴别茶香：

一是洗茶后闻茶底香。普洱茶的茶底香主要用以鉴别异味，有异味的茶底特别明显，轻微的异味在杯香上可能显露不出来，但在茶底就比较明显，比如轻微的湿仓味。

二是品茶时感觉茶汤香。好茶、老茶香气入汤。汤香从两个方面去感受：一是茶汤入口感觉茶汤是否带香，二是茶汤咽下去后口腔和唇齿间是否留香。

三是喝茶后闻挂杯香。好的普洱茶挂杯香非常迷人，我们经常看到品茶人在不停地闻着手中的盏底香。挂杯香可以热闻、温闻和冷闻。热闻辨异味，温闻分高低，冷闻看香气持久度。

2.普洱生茶之香型
普洱茶香型非常复杂，就生茶而言，新茶和老茶香型差异还很大。

（1）普洱新生茶的香型。

生茶新茶正常的香型有太阳味、青香、清香、甜香、花香、毫香、蜜香、糖香、果香、菌香等。这还只是个大概香型，如花香还能分出很多典型的和非典型的花香，果香还能分很多具体类型果香。

新的生茶不正常的气味有烟味、水闷味、泥腥味、铁锈味、焦味、馊酸味。总之，不是茶叶本身的香气都属于异味，是不应该有的。

（2）普洱老生茶的香型。

普洱老生茶正常的香型有甜香、花香、蜜香、醇香、樟香、荷香、沉香、陈香、木香、参香、药香。

普洱老茶不正常的气味有土腥味、泥腥味、水闷味、沤味、湿仓味、霉味以及其他一些不正常的刺激性味道。

3. 普洱熟茶之香型

普洱熟茶正常的香型有熟香、普香、醇香、糯香、枣香、樟香、荷香、甜香、陈香、参香、药香。

从香型上区别新老茶。一般新茶以熟香、普香、醇香、糯香为主，老熟茶以甜香、陈香、参香、药香为主。

从香型上区别原料档次高低。高档熟茶香型以荷香，樟香，糯香为主，中低档熟茶香型以甜香，普香，枣香为主。

普洱熟茶不正常的气味有水味、闷味、堆味、泥腥味、土腥味、仓味、馊酸味、霉味。但需要说明的是，新熟茶有点堆味是正常的，通过一段时间存放，堆味会很快退去。

三、普洱茶之味——百茶百味

普洱茶之味是品饮普洱茶最实在的体验，也是最重要的感受之一。无论是喝茶、品茶还是饮茶，普洱茶就是喝的，所以口感味道是很重要的。普洱茶的味觉包括两个方面，一是茶汤入口时口腔的生理感觉，二是茶汤咽下后的口腔的生理反应。

不同的普洱茶由于树种不同、山头不同、季节不同、原料级别不同、生产工艺不同、储存时间不同、储存环境不同等原因，造成其口感千差万别，百茶百味，这也正是普洱茶的迷人之处。感受普洱之味应从以下四个方面去体验。

1. 茶汤入口对味蕾的直接刺激

舌头是人体感觉味道的主要器官，各种味道都是通过舌面上的味蕾来感知，酸、甜、苦、咸是四种最基本的味道，但通过这四种基本味素的不同组合可以产生无数不同的味道。

舌面上味蕾的分布和对不同味道的敏感度是不一样的。舌尖对甜味比较敏感，而舌根对苦味比较敏感，舌的两侧后部对酸味敏感，舌两侧前部对咸味敏感。所以茶叶审评品尝茶汤滋味时会用力将茶汤吸入口中，并用舌头将茶汤迅速在口腔中翻转几次，让茶汤与口腔舌面充分接触，全方位地感觉茶汤的味道。

在品饮普洱茶时我们一般不会像审评那样让茶汤在口腔打转，但在茶汤入口后可以让茶汤在口腔内停留数秒时间，让茶汤与舌面充分接触，并浸润到口腔每个角落。感觉茶汤的酸、甜、苦、咸，以及由此演化而来的甘、鲜、活、沙、麻、涩、辣、利、刺、叮。好的普洱茶入口感觉是甘甜，鲜活、新的生茶会有适度的苦涩；一些熟茶和部分野生茶可能会有轻微的酸味，其他的咸、麻、辣、利、刺都不是普洱茶正常的口感。

需要说明的是，一款好的普洱茶，其内含物比例协调，入口后单一的味道都不会特别突出，茶汤和口腔的融合度特别好，适口感很舒服，回味无穷。

2. 口腔对茶汤浓厚度的体验

除了味蕾以外，舌部和口腔还有大量的触觉和感觉细胞，这些触觉和感觉细胞对茶汤的汤质浓淡、厚薄、粗细、纯杂十分敏感。品味普洱茶，茶汤的汤质是口感的重要组成部分。茶汤的汤质可以用浓酽、浓厚、醇厚、纯厚、厚实、平和、平淡、淡薄、寡水等来描述。

茶汤浓酽、浓厚、醇厚是好茶的表现，说明茶汤内含物十分丰富；茶汤纯厚、厚实、平和是普通茶的表现，茶汤内含物一般；茶汤平淡、淡薄、寡水是低档茶的表现，茶汤内含物低。

3. 咽喉对茶汤滑顺度的感觉

构成普洱茶口感的组成部分之一是茶汤的水路，也就是茶汤流过口腔和咽喉的感觉。茶汤水路分为细、腻、绵、滑、柔、厚、稠、粗、涩、硬、寡、薄等。好的普洱茶汤细、水柔、绵滑、稠厚、质感好、层次分明；低档普洱茶水路粗、涩、硬、寡、薄。

4. 茶汤咽下后口腔的回味

回味、体味、玩味是体验普洱茶味的一大乐趣，普洱茶与其他茶的不同之处也在于除了口感以外还有丰富多变的回味。

普洱茶回味包括回甘、回甜、生津、润喉、喉韵、收敛、叮嘴、锁喉等。可以根据回甘快慢、强弱以及持续时间的长短来判断普洱茶的档次高低；生津也分舌面生津、两颊生津、满口生津和舌底鸣泉；还可以根据喉韵深浅来判断一款老茶的年份，越老的普洱茶喉韵越深远；叮嘴、锁喉是普洱茶不正常的回味，一般是湿仓茶、霉变茶，或者是原料和工艺有问题的茶才会出现。

喝惯了普洱茶的人，会难以接受喝别的茶，主要是因为普洱茶味的丰富以及无穷回味的魅力，有种"五岳归来不看山"的感觉。"喝过普洱茶的人舌尖上、喉咙里、精神上都有了记忆的 DNA，那是一种绵长、醇厚、曲径通幽的古味儿，那是无法言说只能意会的好。"

四、普洱茶之气——你感觉到了吗

普洱茶的茶气是普洱独特的魅力所在，是老茶人孜孜追求和津津乐道的感受。但普洱茶气比较难以捉摸，也不像普洱茶香气、口感那么直接，那么容易体验到。所以，有些普洱茶品饮者所说的"这茶的茶气很足"，有可能是：这茶香气很浓郁，这茶内含物很丰富，这茶茶汤很浓酽，这茶很苦涩……其实这些都不是茶气。所有口腔感觉到的都是茶的口感。

正因为普洱茶"茶气"难以捉摸和体验，所以能体验到"茶气"的品饮者就特别看重"茶气"，而不能体验到"茶气"的一部分品饮者则认为"茶气"是虚无缥缈的东西，是吹嘘的、不存在的。不过，现在有一个更为恰当的词代替"茶气"，那就是"体感"，就是身体对茶的反应。

身体对食物、饮料、药物都会有反应，这很正常。茶叶中含有咖啡碱、茶碱、多酚类、多种氨基酸、多种维生素、果胶类、色素类、多种可溶性糖。普洱茶是云南大叶种，内含物更加丰富，水浸出物含量更高，品饮后身体有反应就很正常了。只是有些人敏感，有些人不太敏感；有些人喝茶时用心在体验茶气，有些人只注意口感，没在意体感的区别。唐代诗人卢仝对茶气的感受和描述都很细腻："一碗喉吻润；二碗破孤闷；三碗搜枯肠，惟有文字五千卷；四碗发轻汗，平生不平事，尽向毛孔散；五碗肌骨清，六碗通仙灵；七碗吃不得也，唯觉两腋习习清风生。蓬莱山，在何处？玉川子乘此清风欲归去。山上群仙司下土，地位清高隔风雨。安得百万亿苍生命，堕在巅崖受辛苦！便为谏议问苍生，到头合得苏息否？"他把茶气的初级、中级、高级感受描写得淋漓尽致。

1. 普洱茶品质和茶气的关系
初喝普洱茶者一般会感觉普洱茶"很深"，"深"可能就深在普洱茶之气。但只要对茶气有感觉的品饮者都会有一种直观的印象，就是越是好茶、老茶茶气越足，低端茶就感觉不到茶气。那么茶气究竟和普洱茶品质有什么关系呢。

（1）内含物是茶气的物质基础。
茶气在体内的形成和运行是需要物质基础的。这种物质基础就是普洱茶内含物和水浸出物，普洱茶原料是云南大叶种，其水浸出物含量达 46%~48%，勐库大叶种检测到的水浸出物含量最高达到 52%。而一般中小叶种水浸出物含量只有 32%~38%。同样是云南大叶种，不同级别的原料水浸出物含量会有很大差异，一芽一叶到一芽三叶水浸出物含量最高，黄片、老叶、老梗含量最低。

所以能感觉到茶气的普洱茶一定是内含物丰富，茶汤浓厚度好，口感浓酽、厚实、饱满的普洱茶；茶汤淡薄寡水，粗老的普洱茶肯定是感觉不到茶气的。

（2）时间是茶气的沉淀过程。

说普洱茶是有生命力的茶，普洱茶在合适的存放环境下，其内含物在微生物作用下，一些不溶于水的大分子化合物如蛋白质、多糖、不溶性果胶分解成可溶于水的氨基酸、单糖、可溶性果胶，水浸出物含量更高。所以新茶能感觉到茶气的很少，能感觉到茶气的新茶一定是树龄特别长的名山古树茶。但老茶就不一样，一般存放 20 年以上的老茶大部分都能感觉到茶气，而且存放时间越长，茶气越足。所以说茶气需要时间慢慢沉淀。

2. 对茶气体验的级别

普洱茶品饮者对茶气的敏感程度各不相同，这是由于主观和客观两方面造成的。主观方面，有些品饮者只注意茶的香气口感，没有在意身体的反应；而另一部分消费者恰恰相反，他们十分注意身体的反应，甚至把注意力主要放在体感方面。客观上，有一部分消费者本身属于气功练习者、出家人、中医医师和素食主义者，他们对茶气和茶气走向更加敏感。

根据身体对茶气的敏感程度，可以分为初、中、高三个级别。

（1）初级。

初级阶段的人平时喝普洱茶就没有注意体感，主要的注意力都集中在口感上；但通过提醒，在喝到好茶时，会有胃部发热、打嗝、身体毛孔张开、出微汗等感觉。这种发汗和天气闷热身体出汗的感觉是不一样的，天气热身体出汗人会感觉闷热，不舒服；喝普洱茶茶气的作用使身体毛孔张开，出微汗，人没有闷热不舒服的感觉，身体感觉是很舒适的。

（2）中级。

中级阶段的人品饮普洱茶时，会留意茶气的感觉以及身体的反应，喝到好的普洱茶时一般能感觉到胃部会有一股暖气生成，慢慢扩散全身，毛孔散发出热和汗，全身轻松，心情愉悦，思绪清晰。茶气上浮会在脑门感觉热感，茶气下沉会在丹田有热感。

（3）高级。

对茶气敏感的人在品饮普洱茶时会特别留意茶气的走向，茶气在体内形成后，沿经络运行，能清晰地感觉茶气的运行方向；品饮茶气足的普洱时，能感觉到茶气在骨骼中渐渐凝聚，滋养着全身肌骨，有一种筋骨轻松、肌肤爽化的舒适感。如果茶气进一步增加，就会有一种全身心轻松的愉悦感，仿佛置身在飘然安逸的意境里，有飘飘欲仙的感受。

3.茶气提升品饮普洱茶的精神境界

我们常说"茶人的最后一站是普洱"，普洱茶为什么能把品茶人留住？品饮普洱茶与其他茶的最大的区别可能就是茶气了。我们平时喝普通茶，解决的就是生理需要，满足的是视觉、嗅觉和味觉，体验的是色香味形。但我们品饮普洱茶时，正是由于普洱茶的茶气和体感，除了对色香味形的视觉、嗅觉、味觉体验以外，更诱人的是茶气给品茶人带来身心的愉悦和精神享受。普洱茶成了我们生活方式和精神生活升华的载体，使我们平凡的生活更加丰富多彩，使我们的精神世界更加充实愉悦。一壶陈年老茶，就能使你心灵空明，物人合一，茶人一体，我即是茶，茶即是我，实现茶与人的心灵交流，物人对话。

五、普洱茶之韵——普洱茶优秀特质的综合表现

普洱茶之韵是比普洱茶茶气更加难以形象地描述的主观感受，比如一个人唱歌，其旋律、音调、节奏都不准确，那肯定不中听；如果其旋律、音调、节奏都准确，也不一定就很动听，这叫有声无韵。在评价人物时，一个女士即便身高、体型、五官都很好，但眼无灵气，言语粗俗，缺乏教养，那一定是有形无韵；如果一个女士身高、体型、五官都好，加上举止优雅，谈吐文雅，彬彬有礼，方显风度韵味。

1.什么是普洱茶韵

普洱茶之韵味比较难以界定，但可以说普洱茶之韵味是普洱茶各项优秀品质的综合体现。如果一款普洱茶在色香味形气等品质方面有明显的缺点或缺陷，这款茶肯定就失去了韵味。比如一款茶用料级别很高，或者是名山古树，但如果是工艺环节出了问题，或者是存放环境出了问题，在品饮过程中出现异味、烟味、焦味、闷味、霉味、馊酸味、泥腥味、土腥味、铁锈味、腥味等。这茶肯定和韵味无缘；如果一款茶单一味道特别突出，如特别的苦、涩、酸、咸，茶汤没有协调感、适口感差等。这些茶也谈不上有韵味了；老茶无论存放时间多长，如果出现霉变、湿仓，茶汤锁喉叮嘴麻舌，喝得身体都不适了，还能谈茶韵吗？

2.如何体会普洱茶韵

（1）感觉香韵。

一款好的普洱茶，无论其新老，其干茶香、盏底香、茶汤香，还是唇齿之间的留香，香气一定纯正、雅致、自然，浓而不腻，清而不扬，恰到好处；其花香、蜜香、果香、醇香、陈香、沉香、参香，都会不张不扬，不腻不繁，却能沁人肺腑，清心醒脑，入彻筋骨。

（2）品味茶韵。

一款好的普洱茶，茶汤一定饱满、醇厚、层次分明；水路绵柔、滑顺；内含物协调、适口感好；回甘生津快而持久，品后唇齿留香，神清气爽，韵味十足。

（3）回味喉韵。

普洱新茶的感觉和韵味基本上局限在口腔里，回甘持久也好，满口生津也罢。但普洱老茶就不一样，一款好的老茶喝下来，其韵味不仅仅停留于口腔，咽喉部位也会非常甜顺和舒适，我们称之为喉韵。但这必须在仓储环境好的情况下存放，如果在湿仓环境下存放，茶叶受潮霉变，不仅没有喉韵，还会有锁喉等咽喉不适的感觉发生。干仓环境下存放的老茶，存放时间越长，其喉韵愈加深远。

（4）体味气韵。

除了普洱茶没有其他哪款茶需要用整个身体来感受，普洱茶的体感是普洱

茶韵味的重要体现。因为普洱茶气，把品饮普洱茶从视觉、嗅觉、味觉享受，提升到整个身体的舒适和精神的愉悦；从物质层面的需求跃升到精神层面享受。一泡茶气足的普洱茶，品饮后会有浑身轻松、心情愉悦、神清气爽、飘飘欲仙之感。

普洱茶韵犹如听音乐的"余音绕梁"，欣赏画作时的"妙笔生辉"，与渊博学者交流时的"如沐春风"，观看美景时的"山色空无"。

品鉴普洱茶，没有什么秘诀，只要多喝多比较，用心去品，用心去感受，和茶友多交流，就会自然感受到普洱茶的魅力。

第四节　普洱茶的冲泡技巧

好多茶友都有这样一种体验：同一款茶，在不同地点、由不同的人冲泡出来会有很大差异；同一款茶，同一个人在不同时期、不同环境下也会泡出不一样的感觉来。有些茶友买了一款茶，在茶店喝感觉很好，但回家后自己就泡不出那种口感了。造成这些现象的原因除了身体原因（身体状态不佳或者感冒造成味觉不敏感）以外，就是大家常说的冲泡技巧问题。

想要用冲泡技巧泡好茶，首先就是要了解每一款茶的茶性，看茶泡茶，扬长避短。充分利用器、水、温、时间等影响因素，最大限度地把茶的优点充分展现出来，把茶的缺点掩盖起来。

其实在茶店泡茶，如果客人要挑选茶叶，看一款茶的好坏时，这时应该把茶叶的优缺点都展现出来，供客人购买参考。而在家里泡茶，朋友聚会品茶，或者在茶楼喝茶时，应该充分运用冲泡技巧，泡出每一款茶叶最好的感觉来。

普洱茶的冲泡技巧会考虑多种因素，包括醒茶、器具选择、用水、投茶量、水温、冲泡时间、注水方式、出水方式、温杯和冲泡间隙等都会影响茶的口感。对于一些有异味、湿仓味、渥堆味的茶品，也可以采用一些冲泡技巧进行改善。

一、醒茶

普洱茶醒茶就是将紧压茶撬开成平时冲泡用的小块，然后装入茶缸或者茶罐中，放置 20~50 天，时间长短根据不同茶品而定。一般原则是生茶比熟茶时间要长，老茶比新茶时间要长，蒸散的比撬开的时间要长。醒茶方法在上一章已有专门介绍，这里不再赘述。

醒茶是普洱茶冲泡前的功课，做没做这道功课效果可不一样。特别是老的生茶，醒没醒茶的感觉可能就像两款不同的茶一样。醒过的茶比没醒过的茶香气纯净，生茶汤质会更稠厚，熟茶会更绵滑。

二、择具

冲泡和品饮器具会影响普洱茶的香气和口感。盖碗泡茶会将茶叶的优缺点都展现出来，紫砂壶会掩盖一些缺点，如果是陶壶煮出来则另有一番风味。

品茶杯的材质，形状不同也影响到茶叶的香气口感。从材质对香气的影响来看是白瓷杯最好，然后是玻璃杯、紫砂杯。从器型对香气的影响来说，口小杯深最能聚香，敞口杯次之，斗笠杯（盏）最差。从材质对口感的影响来说，以紫砂最好，瓷杯、玻璃杯次之。器型以杯壁较厚、感觉厚滑者为佳。

三、择水

水为茶之母，好茶需好水。自古以来就有品茶先品水之说，所以才有十大名泉、天下第一泉之说。从水源来说，泉水上、井水下。雪水能激发茶的活性，但现在很难找到干净无污染的雪水了。

现在城市的水源选择余地有限，只有自来水、矿泉水和纯净水可供选择。冲泡普洱茶首选纯净水，通过静置处理的自来水也可以，最好不用矿泉水。

四、投茶量、水温、浸泡时间、注水和出水方式

投茶量：标准审评的投茶量茶水比是 1：50。但一般用盖碗或者紫砂壶泡茶出汤快，茶水比在 1：20~30 左右，可根据个人偏好灵活调整。

水温：一般熟茶都用沸水冲泡。生茶根据个人口感喜好，喜欢香高味浓也可以用沸水，喜欢绵柔可以适当降低水温。苦涩味重的茶适当降低水温冲泡，苦涩味马上就降下来了。

浸泡时间：普洱茶浸泡时间一般前五泡 3~5 秒出汤，6~10 泡 5~10 秒出汤，10 泡以后根据茶汤浓厚度变化每道需要延长 3~5 秒。

水温和浸泡时间的协调掌握，是泡好每一道茶的关键。

注水方式：冲泡普洱茶有高冲快注和低位慢注。高冲快注泡出来的茶汤香高味浓，低位慢注冲泡出来的茶汤更柔更绵，所以喜欢香高味浓的人可以高冲快注，喜欢口感绵柔的人可用低位慢注；绵滑感好浓度香气欠缺的茶适合高冲，香高味烈，茶汤欠柔滑的普洱茶适合慢注。

出水方式：相对而言，缓慢的出水方式会令茶汤层次感更加明显。而越快速的普洱茶的出水方式则会令茶汤的融合度更好，香气越高。

五、温杯和冲泡间隙

冲泡普洱茶前温杯温壶需要灵活掌握。夏天不一定要温杯温壶，冬天温度低，温杯温壶就必须要有。另外，有些泡茶者喜欢把干茶放进盖碗或者壶里让客人闻干茶香，这就必须温杯，温和不温香气差别很大。

每一道茶的冲泡间隙必须掌握好，不能让盖碗或者壶凉了再冲下一泡茶，这样泡出来的茶汤肯定会有水味。

六、 特殊茶的处理

遇到有异味、湿仓味、渥堆味的茶品可以采取重洗、水浴、气浴等方法把异味逼散出去。水浴就是温壶后将茶投入壶中，盖上盖后用沸水反复冲淋壶身，使茶叶在壶内受热后将异味激发出来。气浴法就是将茶叶置于壶内，再把烧水壶盖打开，直接将紫砂壶置于烧水壶上，让高温蒸汽加热紫砂壶，把茶叶异味激发出去。重洗就是用高冲快注方式反复冲洗茶叶2~3遍。此外，一些苦涩味重、浑汤的茶叶也可以用重洗方法解决。

掌握普洱茶的冲泡技巧可以让您更容易地享受到普洱茶的美好。但需要提醒大家，冲泡技巧是建立在茶叶品质基础之上的。原料很差的普洱茶，再好的冲泡技巧也泡不出好茶的味道。所以，茶友们一方面要关注冲泡技巧，另一方面，还是要关注普洱茶本身质量的高低。

第五节　如何判断普洱茶的苦涩味是否正常

茶的苦涩味越重，是不是就说明茶的内含物越丰富，咖啡碱、茶多酚含量越高，喝了越健康呢？

同样是苦涩味，为什么有的茶的苦让人觉得很舒服，有的苦得让人难以接受？

都说"不苦不涩不成茶"，但苦涩味总归是让人不悦的。什么程度的苦涩味才是合适的呢？

好的茶苦尽甘来，回甘是不是苦涩味转化来的？

我们搞懂了这几个问题，也就搞明白茶的苦涩味对茶品质的影响了。

一、茶苦涩味的物质基础

茶的苦涩味越重，是不是就说明茶多酚含量越高，喝了越健康呢？

茶的苦味物质主要是茶叶中的生物碱（如咖啡碱、可可碱、茶碱）和色素类。茶的涩味物质主要是茶多酚等类黄酮物质。茶汤的苦味常常与涩味相伴而生。

生物碱和茶多酚主要集中在茶的一、二、三叶中，四、五叶等老叶含量很低。所以，带有苦涩味的普洱茶往往是高嫩度、高级别的茶品，而这些茶往往还具有茶汤浓厚的特点。这亦是中低档茶滋味比较淡薄的原因。

这些苦涩味物质确实对健康益处多多。生物碱对中枢神经系统具有兴奋作用和利尿作用，还能促使胃液的分泌，帮助消化。茶色素具有抗氧化、调节血脂代谢、预防心血管疾病、调节免疫功能等功效。茶多酚则具有抗氧化、预防心血管疾病、调节免疫功能、防癌抗癌、消炎解毒抗过敏、抗辐射等功效。

但需要注意的是，茶多酚和生物碱都对肠胃有刺激作用，肠胃不好的人要注意，不能空腹饮用，也不要过量饮用。另外，由于生物碱的兴奋作用，神经衰弱、睡眠不好的人也要注意饮用的量和时间，不要影响睡眠。

二、原料对苦涩味的影响

同样是苦涩味，为什么有的茶的苦让人觉得很舒服，有的苦得让人难以接受？

一般而言，古树苦味比台地重，而涩味则是台地比古树重，夏茶苦涩味比春秋茶重，茶叶正常的苦涩都能在短时间转化为回甘生津。所以，茶叶正常的苦涩味都是可以接受的。

但如果茶树受茶蚜虫、小绿叶蝉、茶饼病、茶网饼病等病虫危害严重，用这些病虫害危害的茶叶原料制成的茶，苦涩味往往比正常芽叶重，会出现"恶苦恶涩""苦而不化"，甚至还会出现腥臭味，有的饮后肠胃有不舒适感。如

第八章　普洱茶的品鉴、欣赏与选购

果喝到这种口感的茶，可以检查一下叶底。 受病虫危害的叶片上会有黑褐斑。受虫害的叶底手感质硬，缺少柔软弹性，色泽发暗不亮，经制茶过程中的揉捻后往往碎片多。

三、好茶的苦涩味应该是怎样的？

都说"不苦不涩不成茶"，但苦涩味总归是让人不悦的。什么程度的苦涩味才是合适的呢？

普洱茶的魅力就在于它的浓厚、回味和协调感。尤其对于普洱生茶的新茶，排除掉病虫害的影响，苦涩味应该和浓厚度成正比。如果茶汤淡薄苦涩味还重，这就是茶叶内含物比例失调造成的，肯定算不上好茶。凡茶汤浓厚度好、苦涩味适中、适口感好、回味快而久的普洱茶，基本就能判断是一款好茶。

没有苦涩味或者苦涩味极低的，要么是单芽，要么是冰岛、昔归等名山古树。另外，陈年老茶经长期存放后，苦涩味物质大量降解、转化为大分子络合物，使滋味变得醇厚滑顺甘甜，苦涩味也会变得极低。

四、回甘的机理

好的茶苦尽甘来，回甘是不是苦涩味转化来的？

回甘是人们饮茶常有的自然感官效应，是一种入口时感觉苦涩，随着时间的推移甜味逐渐超过苦涩味，最终以甜味结束的一种味道。

好的茶常常带有"回甘"，而回甘的强度与持久性也被认为是评判是否为好茶的指标之一。然而，并不是茶汤苦味强度越大，回甘滋味强度就越高。有些茶在我们感受到的苦味后却等不来回甘。有些茶入口时只是略感苦涩，但其回甘却明显而持久。

对于"回甘"的机理，学术界也正在进行系统性深入的研究，目前尚无绝

图 8.9 茶蚜虫危害的芽叶

图 8.10 受小绿叶蝉危害的芽叶

图 8.11 受病害影响的芽叶

对定论。以下是部分研究成果：

1. 茶多酚的作用

茶多酚跟蛋白质结合，在口腔内形成一层不透水的膜，口腔局部肌肉收缩引起口腔的涩感，稍后膜破裂后口腔局部肌肉开始恢复，收敛性转化，就呈现回甘生津的感觉。

2. 多糖类的作用

茶所含的多糖类本身并没有甜味，但具有一定的粘度，所以在口腔中会有所滞留。而唾液里面含有唾液淀粉酶，可以催化淀粉水分解为麦芽糖，而麦芽糖具有甜味。酶类分解多糖需要一定的时间，这种反应时间差造成了一种"回甜"的感受。

3. 茶多酚和糖类相互作用的结果

研究表明，在一定浓度范围内，茶多酚和糖类都有助于提高茶汤的回甘滋味强度。

4.有机酸的作用

茶叶中有机酸的含量为干物质总量的 3% 左右，它能刺激唾液腺进行分泌以产生"生津回甘"的感觉。

5."回甘"是口腔的一种错觉，即"对比效应"

甜味和苦味是一种相对的概念，当品尝蔗糖等甜味剂后你会发现水是有些苦的，而当品尝了咖啡因等苦味物质后你会觉得水是甜的。

不管原因如何，喝完一泡好的普洱茶后，口腔内风生水起，喉咙深处都是甜顺，持久的甘甜生津，这才是我们所追求的。

第六节　普洱茶选购要点

茶友圈里经常有朋友问，普洱茶水太深，不知道怎样选购普洱茶好。然后往往会有人拿"茶无好坏，适者为上""多喝多比较"等套话来回答。这些套话，怎么说呢，也对，也不对。

就拿"茶无好坏，适者为上"来说吧。把两段分开看，"茶无好坏"是错的，茶肯定有好坏之分，国家标准把普洱茶分了十多级呢。"适者为上"是对的，一是要茶性适合你的体质，二是要茶的口感适合你的口味，三是要茶的价格适合你的承受能力。

至于"多喝多比较"，肯定是对的，普洱茶的品鉴确实离不开实际经验的积累。不过，没有正确理论的指导，很容易受误导，尤其是感觉这种东西，旁人的影响非常大，那么，掉坑交学费就是免不了的事。

普洱茶的现行国家标准 GB/T 22111-2008，就有对普洱茶感官品质要求和审评方法的规定。结合现在市场的情况和我们几十年品茶的经验，总结出来以下几个方面的选择步骤。

一、检查包装标志

包装上应清晰可见地标明：产品的属性 [如普洱茶 (熟茶)、普洱茶 (生茶)]、净含量、制造者名称和地址、生产日期、保存期、贮存条件、质量等级、产品标准号、生产许可证等。产品包装、标识符合国家标准，至少说明这茶是正规厂家生产的。如果标识不全，特别是厂址、厂名、联系方式、生产许可证都没有的三无产品，作为一般消费者特别是初学者应该尽量回避。

图 8.12 普洱小金砖、小银砖

二、闻干香

打开包装后，闻一闻干茶的香气，检查是否有异味。

不管生茶熟茶，香气要是自然的清香、花香、陈香、熟香。不能有非茶类的异味，如霉味、馊酸味、泥腥味、土腥味、烟味、铁锈味等。

三、检查外形

如果是紧压茶，应形状端正匀称、松紧适度、不起层脱面；洒面茶应包心不外露。如果是散茶，取试样约150g~200g，置于茶盘中充分混匀后铺平，再观察其外形。

茶的外形主要看条索、色泽、整碎和净度四个方面。其中，条索和色泽是侧重点。

条索：看条索的松紧程度。以卷紧、重实、肥壮者为好，粗松、轻飘者为差。

色泽：看色度的深浅、润枯、明暗、鲜陈、匀杂。另观察含毫量的多少，含毫量多的嫩度好。

整碎：看匀齐度，条形是否整齐一致，是否有长短碎末混杂。匀整为上，混杂者为下。

净度：看含梗、片、末的多少，梗的老嫩程度；是否有茶类夹杂物和非茶类夹杂物等。

四、内质品评

干看外形，湿看内质。看完外形，我们就开始开汤泡茶，依次评价茶的汤色、香气、滋味和叶底，也就是常说的茶的色香味形。其中，以香气、滋味为主，汤色、叶底为辅。

1. 汤色
以清净明亮为上，暗淡、浑浊、沉淀者为下。

好的生茶茶汤颜色黄绿透亮。存放时间越长，汤色还会逐渐变成栗黄、栗红甚至深红。

好的熟茶茶汤颜色红浓明亮，呈酒红或宝石红。

2.香气

比香气的纯度、持久性及高低。我们在感觉普洱茶香气时要把握好热闻、温闻和冷闻三个阶段。热闻辨异味，温闻辨高低，冷闻看香气持续时间的长短。香气雅、高、持久者为上，香气浊、低、持续时间短者为下。

普洱生茶以清香、花香、蜜香为上，有水闷味、烟焦味、土腥味、铁锈味为下。

普洱熟茶以自然纯正、舒适愉快的熟香、普香、陈香、甜香为上，不能有不愉快的渥堆味、馊酸味、霉味、碱味。

3.滋味

比滋味的浓度、顺滑度以及回甘的快慢和持久度。以入口顺滑、浓厚、回甘、生津的为好；醇和回甘为正常；带酸味、苦味重、涩味重为差；异味、怪味为劣质茶。

这里着重讲一下品普洱茶时常提到的回甘和喉韵。茶入口都有苦涩味，但好茶回甘生津快、强烈而且持久。好的普洱茶特别是老茶，喝完后会感觉喉咙里很舒服，很甜很顺，这种感觉就叫作喉韵。喉韵的位置越深越好。有些普洱茶喝完后嗓子发干发紧（锁喉），这些茶不是工艺有问题就是仓储有问题，最好别喝。

4.叶底

看普洱茶叶底是为了进一步验证前期色香味的判断。从叶底可以看出茶叶用料和加工工艺水平。

第一，看叶底色泽是否一致、匀整、明亮。叶底色泽不匀、花杂可能是原料级别不一，老嫩混杂。叶底不亮发暗，可能是工艺和储存有问题。

第二，看叶片整碎，芽叶完整者比整碎不一者好。

第三，看叶片质地。用手捏捏叶底，以肥厚、柔软、有弹性者好，用手指触摸如泥状为差。

第四，还要闻闻叶底香气，好的普洱茶泡完以后还会有很愉快的甜香。

最后，再教大家一招更简单的方法：两款茶对比着喝，高下立见。但这样比较一定要遵循"同等质量比价格，同等价格比质量"的原则。

第一节　普洱茶膏

普洱茶膏因为其独特的保健功能而更显神秘、神奇和珍贵。《本草纲目拾遗》记载："普洱茶膏能治百病，如肚胀受寒，用茶膏汤发散，出汗即可愈；口破喉颡，受热疼痛，用茶膏五分，噙口过夜即愈；受暑擦破皮者，研敷立愈。"称："普洱茶膏黑如漆，醒酒第一，消食化痰，功力尤大也。"

过去西藏的一些僧侣，在给一些藏民治病时常用一种黑色膏药，就是普洱茶膏，对一些咽喉肿痛、口舌生疮、腹胀腹泻、皮肤溃烂者，服之或涂抹后即愈。平民不知是普洱茶膏而以为是一种神药。

普洱茶膏浓缩了普洱茶的精华，其中的茶多酚、茶色素含量比普通茶高得多。现代科学研究证明，茶多酚主要由儿茶素等黄酮类物质组成。黄酮类分子结构中的多个羟基（-OH）可终止人体中自由基链式反应，清除超氧离子，对超氧离子与过氧化氢自由基的消除率达 80% 以上。茶多酚对细胞壁和细胞膜有保护作用，对脂质过氧化自由基消除作用十分明显。茶多酚还有抑菌杀菌作用，能有效降低大肠对胆固醇的吸收，防止动脉粥样硬化，也是艾滋病毒逆转酶的强抑制剂，其具有增强机体免疫能力、抗肿瘤、抗辐射、抗氧化和延缓衰老等作用。

图 9.1 普洱茶膏

图 9.2 块状茶膏

图 9.3 大块茶膏

一、普洱茶膏的品质特点

普洱茶膏的品质特点可以用高贵、纯正、卫生、健康、方便十个字来形容。

1.高贵

普洱茶膏浓缩了普洱茶的精华，去除了普洱茶的糟粕，故出量极少，是珍品中的珍品。而且普洱茶膏历来就是宫廷供品，皇家专用，禁止流入民间。所以，普洱茶膏处处彰显着它的高贵。

2.纯正

普洱茶膏香气、口感都十分纯正，入口即化，满口生津，回味无穷，是其原茶存放多年以上才能达到的口感效果。

3.卫生、健康

现代普洱茶膏通过萃取，过滤了全部杂质，能全部溶入水。普洱茶膏提取了普洱茶全部有效物质，浓缩了普洱茶全部精华，保健功能无与伦比。

4.方便

普洱茶膏量小、体小，便于运输、携带、储存。特别是其能够全部溶入水，冲泡、品饮十分方便。

二、普洱茶膏的品饮和鉴赏

普洱茶膏冲泡十分方便，一般以开水直接冲化就可以品饮，浓淡程度根据自己个人习惯而定。一般1克茶膏可冲500~800毫升水，也可以冲化后用耐高温的公道杯或其他玻璃器皿在酒精灯上加热保温，使其香气更高，韵味更佳。

普洱茶膏的品饮和普洱茶一样，从色、香、味、韵四方面看品质的高低。汤色以红艳、红亮为上；茶汤浑暗为次；浑浊、沉淀是低档茶膏。普洱茶膏香气纯正、高长。沉香、荷香是高档普洱茶膏的香型，不能有异味，杂味。好的普洱茶膏口感十分纯正绵滑，入口即化，回味十足。喉韵深而丰富，满口生津。

普洱茶膏一样具有越陈越香、越陈越纯的品质特点。无论膏体大小和形状，都具有很高的收藏价值，但必须是未加任何添加剂的原膏。目前有些生产企业在普洱茶膏中加入了饴糖一类的添加剂，这类产品严格说来应该叫加味速溶普洱茶，而不应该叫普洱茶膏。该类产品不仅没有收藏价值，还会因为添加物过期而变质。

判断普洱茶膏是纯膏还是加料，一是看茶膏的兑水量和味道。纯普洱茶膏1克可兑水500~800毫升，而加了添加物的根据添加量的多少，一般只能兑水100~300毫升左右。二是看茶膏易碎程度。纯料普洱茶膏干燥后易碎裂，韧性差；而添加有饴糖的茶膏韧性好，干燥后不易碎裂。

普洱茶膏的保存和普洱茶一样，保存于阴凉干燥处，避免阳光直射和受潮。有形状的大型膏体，应注意平放，以免长时间存放而变形。

普洱茶膏是我国茶文化的一大瑰宝，是无数茶人智慧的结晶，是茶叶珍品中的珍品。无数的普洱茶爱好者希望能一睹普洱茶膏真容，并将亲自品饮视为荣耀。为继承和发扬普洱茶膏这一中华民族的传统文化瑰宝，在茶叶工作者的努力下，躲在深宫内的普洱茶膏之神秘面纱已经被揭开。"旧时王谢堂前燕，飞入寻常百姓家"，这一茶中珍品也成为广大普洱茶爱好者的杯中之物。

第二节　普洱茶头

不知从何时开始，以前难登大雅之堂的老茶头，如今竟大受欢迎，甚至还有了一个小清新的美名——自然沱。

老茶头，以"颗粒""紧""甜""糯""经久耐泡"为主要特色。好的茶头外形颗粒紧实饱满，色泽乌润呈褐色。冲泡后汤色红浓明亮，滋味醇厚绵滑甘甜，与常规的熟普相比，更甜润醇和稠厚。泡到最后基本也不会散开。

一、老茶头是怎么形成的

茶头，是普洱茶发酵过程中板结成块的茶，外形是一团一团的疙瘩。以前茶工称其为"疙瘩茶"，亦称茶头、自然沱。老茶头，就是有一定年份的"疙瘩茶"。

普洱熟茶都是经过渥堆发酵而成的。在渥堆发酵的过程中，茶堆表面的茶和空气接触面大，氧气多，菌丝繁殖快，菌丝将茶黏在一起，这些茶就会结成一团一团的疙瘩。当茶堆的中间温度达到一定高度时，为了降低堆温，也为了发酵均匀，防止中间的茶温度过高，就要人工进行翻堆。在人工翻堆过程中，这些表面结成的大块会破成小块。整个发酵过程要进行好几次翻堆，每一次翻堆都会产生部分小茶疙瘩。

熟茶发酵干燥后需要精制筛分。筛分机由从上到下、从粗到细的多块筛面组成。最下面的孔小的筛面筛出来的就是茶末，然后是碎茶，上面的小条细芽依次为宫廷、特级、一级等，最上面的粗粗的疙瘩就是茶头。

以前，茶叶发酵完毕进行精制时，人们会把这些一团一团的茶叶疙瘩中的杂质拣出来，再用解块机或者切碎机将其破碎掉，然后重新进行筛分，拼入各级别茶中。

而现在，人们把这些疙瘩茶单独拿出来饮用，也别有一番风味，这就是"茶头"。老茶头一般是直接散装，也有把老茶头紧压成砖或者饼的，但因为老茶头在蒸的过程中比散茶难以蒸透，所以压制时需要更大的压力才能压制成型。

二、老茶头的冲泡和品饮

老茶头就是一种特殊的熟茶，可以参照熟茶冲泡。但由于老茶头黏结紧密，洗茶和冲泡时间可以适当延长。有的茶友喜欢将老茶头煮着喝，熬煮出来的老茶头香气纯正，茶汤浓厚绵稠，别有一番风味。和熟茶一样，老茶头包容性强，可以根据各自的口感和爱好添加诸如红枣、桂圆、黄芪、枸杞一起熬煮。也可以冲蜂蜜、牛奶共饮。

老茶头熬煮一定要控制好投茶量，一般最好是要先泡着喝，喝了十来道之后再煮。

三、老茶头的好坏如何鉴定

好的茶头条索分明、香气纯正、口感醇和、汤色通透。茶头里面老梗、黄片、碎末多，香气口感不纯正，汤色浑浊，肯定不是好茶头。

挑选时，选颗粒相对松散的。那种紧实得像块石头的，最好不要喝。

四、如何区别真假老茶头

真的茶头是在熟茶发酵过程中自然形成的，外形不规则，颗粒大小不匀整，但茶条茶芽清晰可见，泡完后用手将茶头轻轻捏开，应该都是条形茶叶。

假茶头一般都是用茶末加黏合剂制作而成，颗粒大小均匀，外形规则，看不出茶叶条形，冲泡后捏开呈碎末状而不是条形。有些采用高压挤压成型的假茶头根本就捏不开。

五、关于老茶头的一些常见问题

1. 茶头是果胶黏在一起的吗？

不是。果胶、淀粉等在熟茶渥堆发酵过程中大部分被分解。所以熟茶的粘性比生茶要差，在蒸压过程中需要更大的压力才能压制成型。如果说茶头是果胶黏在一起的，那整个渥堆的茶就会黏成一个大块了。真正把茶头粘在一起的是茶堆表面活跃的菌丝和其分泌的酶类物质。

2. 老茶头是老叶还是嫩叶？

老叶嫩叶都有。只要是茶堆表面的茶，渥堆时就会被黏成一块，而不是说只有嫩叶或者老叶才会黏一块。所以，每一批渥堆的茶的原料品质决定了该批茶头的质量品质。低档的渥堆料，出不了高档的茶头，反之亦然。

3. 老茶头有更高的营养价值吗？

老茶头是由活跃繁殖的菌丝黏结而成，菌丝体本身含有丰富的蛋白质和氨基酸，菌类活动会产生各种生物活性酶，所以同一批渥堆原料出来的茶头水浸出物含量可能会更高，绵稠感会更好。

图9.4 紧压老茶头茶砖

图9.5 自然的普洱茶头，颗粒不规则，茶条清晰

图9.6 茶末人工复制的茶头颗粒均匀，看不出条形

图9.7 茶末复制的茶头冲泡后捏碎还原成茶末

第三节　有机普洱茶

有机食品是食品生产加工管理最严、要求最高的食品。在发达国家有机食品的需求量越来越大，中国虽然有机食品的生茶量还很少，但随着生活水平的提高和对食品安全的需求越来越高，有机食品的需求也会越来越大。

有机普洱茶在国内起步较晚，从 2006 年勐库戎氏拿到第一个普洱茶的有机认证，已经陆续有几家拿到了普洱茶有机认证。今后有机普洱茶的发展肯定会越来越快。

图 9.8 勐库戎氏有机茶示范基地

一、有机茶园的生态环境要求

有机茶园基地对生态环境要求很高，可以是常规茶园的转换，也可以是荒芜茶园的改造恢复，或是新种植茶园。但无论何种形式，有机茶园必须符合生态环境质量，要求远离城市和工业区以及村庄与公路，以防止城乡垃圾、灰尘、废水、废气及过多人为活动给茶叶带来污染。茶地周围林木繁茂，具有生物多样性；空气清新，水质纯净；土壤未受污染，土质肥沃。具体要求如下：

（1）茶地的大气环境质量应符合GB3095-1996中规定的一级标准的要求。

（2）茶地的灌溉水质量应符合GB5084-1992中规定的旱作农田灌溉水质要求。

（3）茶地的土壤环境质量应符合GBl5618-1995中规定的Ⅰ类土壤环境质量，主要污染物的含量限值 (mg/kg) 为：镉 Cd ≤ 0.20，汞 Hg ≤ 0.15，砷 As ≤ 15.00，铜 Cu ≤ 50.00，铅 Pb ≤ 35.00，铬 Cr ≤ 90.00。

二、有机茶园的土壤要求

其土壤的潜在肥力要高，土层深厚，质地砂壤，通气良好，有机质丰富，营养元素含量最高度平衡，不积水等。如乌砂土、高山香灰土、油泥沙土、黄泥沙土等最适宜有机茶。土壤没受到污染，一些有害的重金属元素（镉、汞、砷、铅、铬、铜）含量应低于有机农业规定标准；没有有机氯，有机磷等农药残留。

三、有机茶园的生态环境保护

有机茶园与常规农业区之间必须有隔离带。隔离带以山、河流、湖泊、自然植被等天然屏障为宜，也可以是道路、人工树林和作物，但缓冲区或隔离带宽度应达到100米左右。如果隔离带上种植的是农作物，必须按有机方式栽培。对基地周围原有的林木，要严格实行保护，使它成为基地的一道防护林带。若基地周围原有的林木稀少，要营造防护林带。

四、有机茶园施肥技术

　　有机茶园施肥必须遵循有机茶的施肥准则，然后根据茶树营养学特性和茶园土壤理化性质，科学合理施肥。有机茶园施肥将肥源分为允许使用、限制使用、和禁止使用三类。

1. 禁止施用的肥料

　　（1）化学氮肥：指化学合成的硫酸铵、尿素、碳酸氢铵、氯化铵、硝酸铵、氨水等。
　　（2）化学磷肥：指化学加工的过磷酸钙、钙镁磷钾肥等。
　　（3）化学钾肥：指化学加工的硫酸钾、氯化镁、硝酸铵等。
　　（4）化学复合肥：指化学合成的磷铵、磷酸二氢钾、进口复合肥、复混肥等。

第九章　普洱茶的特殊品种

（5）叶面肥：含有化学表面附着剂、渗透剂及合成化学物质的多功能叶面营养液、稀土元素肥料等。

（6）城市垃圾：含有较高的重金属和有害物质，故不宜施用。

（7）工厂、城市废水含有较高的重金属和有害物质，故不宜施用。

（8）淤泥：含有较高的重金属和有害物质，故不宜施用。

2. 允许施用的肥料

（1）堆（沤）肥指农家有机肥经过微生物作用，经过高温生物无害处理数周，肥料中不允许含用任何禁止使用的物质。

（2）畜禽粪便：经过堆腐和无害化处理。

（3）海肥：经过堆腐充分腐解。

（4）各种饼肥：茶籽饼、菜籽饼、桐籽饼等要经过堆腐，其他饼肥可直接施用。

（5）泥炭（草炭）：高位或低位，未受污染，重金属含量不超标的。

（6）腐殖质酸盐：如褐煤、风化煤、天然矿物等，要粉碎通过100目才可使用。

（7）动物残体或制品：如血粉、鱼粉、骨粉、蹄、角粉、皮、毛粉等，蚕蛹（堆腐后）、蚕砂。

（8）绿肥：春播夏季绿肥，秋播冬季绿肥，坎边多年生绿肥，以豆科绿肥为最好。

（9）草肥：山草、水草、园草等，要经过曝晒、堆、沤处理后施用。

（10）天然矿物和矿产品：指磷矿粉、黑云母粉、长石粉、白云石粉、蛭石粉、钾盐矿、硝矿、无水镁钾矾、沸石、膨润土等。有害重金属元素含量不能超标。

（11）氨基酸叶面肥：指以动、植物为原料，采用非基因转换的生物工程而制造的氨基酸产物肥料并经有机认证。

（12）菌肥：指钾肥菌、磷细菌、固氮菌、根瘤菌、有益复合微生菌等并经有机认证肥料。

（13）有机茶专用肥：根据有机茶园特点而专门研制的，并经有机认证的肥料。

3. 限制施用的肥料

（1）硫肥：指天然硫磺，只有在缺硫的土壤中谨慎施用。

（2）微量元素、叶面肥：指硫酸铜、硫酸锌、钼酸钠（铵）、硼砂等，只有缺相应元素的条件下才可施用。

五、有机茶园的病虫害防治

（1）人工摘除和家禽捕食防治：茶毛虫、茶尺蠖等可以人工摘除虫卵，放养家禽对其捕食。

（2）生物和物理防治：寄生蜂防治，七星瓢虫防治茶蚜虫，紫外线诱蛾，白僵菌、苏云金杆可以防治多种茶树虫害。

（3）植物和矿物制剂：鱼藤精、硫酸铜、石硫合剂等。

六、有机普洱茶的加工

有机普洱茶加工主要以干净卫生、防止污染为主，包括厂房环境卫生、车间卫生、设备卫生和人员卫生四大部分。

厂房环境卫生：厂房周围空气、水源要达到国家规定的二级标准。

车间卫生：生产车间要干净卫生，门窗要有相应的封闭隔离设施，动物、昆虫、非生产人员不能进入。

设备卫生：加工设备不能用含有铜、铅、铝的金属或者含有铜铅铝的合金材料，只能使用竹、木、不锈钢等材料制作的设备。

人员卫生：有机普洱茶加工人员必须经过技术培训和身体健康检查，进入车间要换工作服、工作鞋，带工作帽和手套口罩，不能在车间吐痰、吸烟和进食食品。

七、有机普洱茶的包装

1. 有机茶包装必须符合牢固、整洁、防潮、美观的要求

同批茶叶的包装箱样式、尺寸大小、包装材料、净重必须一致。接触茶叶的包装材料必须符合食品卫生要求。所有包装材料不能受杀菌剂、防腐剂、熏蒸剂、杀虫剂等物品的污染，防止引入二次污染源。

2. 有机茶产品的包装材料，必须是食品级包装材料

主要有：纸板、铝箔复合膜、马口铁茶听、白板纸、内衬纸及捆扎材料等。在产品包装上的印刷油墨或标签、封签中使用的粘着剂、印油、墨水等必须是无毒的。

3. 包装材料的生产及包装物的存放必须遵循不污染环境的原则

不准使用聚氯乙烯（PVC）和混有氯氟碳化合物（CFC）的膨化聚苯乙烯等作包装材料。对包装废弃物应及时清理、分类并进行无害化处理。

图 9.9 勐库戎氏有机茶

八、有机普洱茶的贮藏

1. 禁止有机茶与化学合成物质接触

严禁有机茶与有毒、有害、有异味、易污染的物品接触。

2. 有机条与常规产品必须分开贮藏

要求设有有机茶专用仓库，仓库必须清洁、防潮、避光和无异味，并保持通风干燥，周围环境要清洁卫生，并远离污染源。

3．环境干燥

贮藏环境必须保持干燥，茶叶含水量须符合要求。

4．入库的有机茶标识和批号要清楚、醒目、持久

严禁受到污染、变质以及标签、批号与货物不一致的茶叶进入仓库。不同批号、日期的产品应分别存放。建立严格的仓库管理制度，详细记载出入仓库的有机茶批号、数量和时间。

5．保持有机茶仓库的清洁卫生，搞好防鼠、防虫、防霉工作

严禁在有机茶仓库中吸烟，严禁使用人工合成的杀虫剂、灭鼠剂。

九、有机普洱茶的运输

1．运输有机茶的工具必须清洁卫生、干燥、无异味

严禁有毒、有害、有异味、易污染的物品混装、混运。

2．装运前必须进行有机茶的质量检查

在标签、批号和货物三者符合的情况下才能运输。填写的有机茶运输单据字迹清楚，内容正确，项目齐全。

3．运输包装必须牢固、整洁、防潮，并符合有机茶的包装规定

在运输包装的两端应有明显的运输标志，内容包括：始发站和到达站名称，茶叶品名、重量、件数、批号，收货和发货单位名称、地址等。

4．运输过程中必须稳固、防雨、防潮、防暴晒

装卸时应轻装轻卸，防止碰撞。

图 9.10 茂密的勐库大雪山原始森林

第四节　野生普洱茶

一、云南野生茶概况

云南是茶树原产地，野生茶品种多、分布广。现在发现的野生茶品种有十几个，但有些野生茶因为味酸或苦不适合饮用。就分布而言，主要分布于勐库大雪山、永德大雪山、哀牢山、无量山、大朝山等地。最著名的有勐库大雪山、永德大雪山和千家寨野生茶。

云南野生茶内含物中氨基酸含量高，氨酚比协调，因此口感苦涩味轻；其儿茶素组成部分中简单儿茶素含量高，简单儿茶素在人体吸收分解后，其保健功能有维生素 K 和维生素 P 的作用，可以软化血管，扩展血管弹性，对心脑血管保健作用明显。

二、勐库大雪山野生茶

勐库大雪山海拔 3000 多米，因山头冬天偶而会有积雪而被称为大雪山，地理坐标为东径 99°46′～99°49′，北纬 23°40′～23°42′位于双江县勐库镇。勐库大雪山野生古茶树群落就生长在海拔 2200~2750 米 的地方。勐库大雪山位于北回归线上，气候温暖，日照充分，雨量充沛，这里的自然条件正好是茶树生长的天堂，是孕育勐库大叶茶的摇篮。

勐库大雪山野生茶群落，因为其生长在高海拔的原始森林中，所以直到 20 世纪末才被发现。经过中国农业科学院茶叶研究所、中国科学院昆明植物研究所、云南省农业科学研究院茶叶研究所等科研部门的植物专家和茶叶专家的鉴定，其是目前人类发现的海拔最高、密度最大、树龄最长，最适合饮用的野生古茶树群落。大部分树龄在千年以上，一号大茶树树龄已达 2700 年。

这个野生古茶树群落以其神秘的生存环境和极高的科研价值吸引了无数的专家学者前来考察调研。当地政府也成立相应的保护机构。毫无疑问，这里是世界茶树的起源中心之一。

图 9.11 勐库大雪山一号大茶树

图 9.12 勐库戎氏 2005 年大雪山野生茶

勐库野生古茶树属于野生型野生茶，在进化形态上，属于比普洱茶种还原始的大理种。该茶树种具有茶树一切形态特征和茶树功能性成分（茶多酚、氨基酸、咖啡碱等），适合制茶饮用；由于基因原始，产于高海拔寒冷地区，该茶种具有抗逆性强、抗寒性尤强等特点，是抗性育种和分子生物学研究的宝贵资源。该茶持有勐库种特色：头春新芽叶质肥厚宽大，内含物丰富，简单儿茶素含量高。勐库大雪山野生茶采摘极难，纯正的千年野生型古乔木，属国家二级保护植物，产量极低，弥足珍贵。

勐库大雪山野生茶制成的普洱茶，香型特殊，野香中带兰香，口感劲扬质厚，甜顺饱满，苦涩味轻沉雄而优雅，回味持久，存放转化快。

三、永德大雪山野生茶

永德地处茶叶原产地中心，这有茶树的始祖——永德章太发现的中华木兰为证。永德大雪山是国家级自然保护区，她是一座屹立在北回归线上很神秘的大山，位于云南省临沧市永德县境内，系怒江支系碧罗雪山的支脉。山脉呈西北—东南走向，南北绵延 24 千米，东西长 15.6 千米，总面积约 300 平方千米。主峰为大雪山，海拔 3429 米。山上植被茂密，溪流纵横，云遮雾罩，野生茶树遍布

图 9.13 永德大雪山野生茶砖

其中。虽然野生茶树生长海拔高度、密度和树龄不及勐库大雪山，但其野生茶树分布面积达 15 万亩，远超勐库大雪山的 1.5 万亩；野生茶树种群也比勐库大雪山更多、更复杂。

永德大雪山野生茶外形乌黑油顺，香气悠长，口感甜顺，细腻绵柔，苦涩味轻，水路顺荡，回味清凉甘甜，野味十足。

第五节　普洱藤条茶

近年来，藤条茶热度很高，各厂家都推出了各自的藤条茶产品。但作为普通消费者，对于藤条茶可能知之甚少。

藤条茶，又名柳条茶、辫子茶。就是茶树的枝条长得又细又长，像藤一样。大家可能会有疑惑，云南大叶种不是乔木树种，都能长成大树吗，怎么会长成藤条一样？

一、藤条茶的概念

严格说来，云南藤条茶分为两大类：一是树种意义上的藤条茶，二是栽培意义上的藤条茶。

1. 树种意义上的藤条茶是云南大叶种群体的变种

大家知道云南大叶种群体（有性繁殖、茶籽播种的）中分为许多亚种、品种和变种，就其有名的国家级优良品种有 3 个，云南省地方优良品种有 20 多个，其他更是不计其数。单就叶面性状以大小可分为大叶、中叶、小叶；以叶面形状可以分为柳叶形、长椭圆形、椭圆形、圆形；以叶面颜色可以分为墨绿、深绿、浅绿、黄绿、紫色（紫色芽叶，做成成品茶叫紫条或者紫芽）；此外还有边缘锯齿的深浅疏密、叶脉的多少、叶面的隆起情况。所以，群体品种的性状千差万别，这也为茶树育种学家提供了选择空间。

大家知道紫色芽叶（简称紫芽、紫条）可能比较多，这是因为云南大叶种中紫色芽叶的比例比较高。一般紫色芽叶占5%左右，就是说100株种子繁殖的茶大概有5株紫色芽叶的树。古树茶、茶园茶和台地茶产生紫芽的比例差不多。这就可以单独采出来做成产品。

作为云南大叶种的变种之一，藤条茶占群体的比例很低，只有0.5%左右。特别是在修剪矮化的台地茶园，如果你不看茶树根茎部的主干，单从树冠面是分不出来的。只有同期栽培的古茶树中，其他树长得又高又大，偶尔那么一株还是矮矮的一丛，看起来就有明显区别了。也是因为量少，所以基本上没有人把它做成商品茶，因此知道的人则更少了。

图9.14 凤庆周家寨树种意义上的藤条古茶树，树龄1000多年

可能有些人会误认为藤条茶是大树矮化形成的。从外形看是有相似之处，都是一丛一丛的没有主干的长长的树枝，但主要的区别是在矮化的树跟茎部能看到砍过的主干，变种的藤条茶树没有主干。

121

2. 人工采养形成的藤条茶

这是现在大家熟悉的藤条茶，但它不是种性意义上的藤条茶，也就是说，这种藤条茶不是先天的，而是后天通过人为栽培和采摘管理形成的。

最早介绍云南这种藤条茶的是云南茶文化学者詹英佩女士，她所著《茶祖居住的地方：云南双江》一书首次对藤条茶进行了比较详细的叙述。该书在2010年出版以后，影响很大。书中详细介绍了双江勐库坝糯藤条茶的种植历史和采养方式。自此以后，各地有这种采养方式，茶树长得枝长叶少的，都叫作藤条茶了。还因为具有这种采养方式的地方包括昔归、坝糯、忙肺、老乌山等不少名山，茶叶品质上乘，因此这几年各厂家也趁机推出相应的藤条茶产品，使藤条茶在短短几年就达到了家喻户晓的程度。

据詹英佩女士介绍，这种茶树叶片很少，主干和岔枝裸露可见，岔枝上长着上百根又细又软又长的细藤。一根根细藤的下段也裸身无叶，只有藤条尖顶长着几个嫩芽和几片嫩叶。按藤条茶培养出来的茶，芽头肥硕显毫，但产量低。坝糯藤条茶每年可卖到断货，可叹的是藤条茶产量不高，无法满足市场需求。

图 9.15 生长在同一区域的同样树龄的普通古茶树

图 9.16 人工采养形成的藤条茶树

第九章 普洱茶的特殊品种

图 9.17 忙肺的藤条茶园

根据詹英佩女士的考证，云南藤条茶的采养方式应该是汉人发明的，因为以汉人为主的寨子才有这种茶树，而少数民族（布朗族、佤族、拉祜族、傣族）为主的寨子古茶树都是高大乔木，树叶茂盛，不见这种枝条细长、叶片稀少的茶树。

藤条茶的培育应该是在茶树的幼龄期打顶摘心，使茶树产生更多的分枝和侧枝；在分枝和侧枝达到一定数量规进入投产期后，再次改变采养方式，采摘时采除枝条上萌发的全部芽叶，只保留顶芽继续向前生长，人为地增强茶树的顶端优势。这种采摘基本上是把茶树叶片全部摘光，迫使茶树尽快地萌芽发叶，才能进行光合作用合成碳水化合物，提供生长所需的营养物质。

图 9.18 昔归的藤条茶

图 9.19 坝糯的藤条茶

普洱茶百科

这种采摘方式是非常落后的，因为违背了茶树自身的生长规律。所有的绿色植物都要靠叶片的光合作用合成碳水化合物提供营养才能生长。使用这种采养方式的茶树看起来光秃秃的，枝条也是弯弯曲曲，产量也低；和正常留叶采摘的茶树郁郁葱葱、枝繁叶茂的样子差异巨大。因此，农业和茶叶技术推广部门也一直在推广留叶采摘。

形成这种采养方式的原因还不太清楚，但最有可能是方便管理和采摘。因为云南大叶种都是高大乔木，茶叶采摘很不方便。把茶树培养成藤条形式，茶树不仅降低了高度，更主要的是细长的枝条容易弯曲，人站在地上将枝条攀下来就能采摘，比爬到树上方便了很多。

二、藤条茶的品质特点

云南藤条茶和云南其他茶一样，其质量品质受树种、山头、树龄，海拔、季节和原料级别的影响会各不相同。昔归的香雅、汤柔、质厚、水细；坝糯的香高，汤厚、气足、韵好；忙肺、老乌山的也各有特色。

图 9.20 坝糯藤条茶

现有的藤条茶商品基本上都是人工培养出来的藤条茶，树种意义上的藤条茶因为数量极少，市面很少见到商品。但在凤庆周家寨1000多年古茶树群落中，发现了6株同期的藤条茶。将其单独做成成品茶，香气优雅、带桂花香，茶汤细腻鲜爽，入口甘甜，茶气十足，经久耐泡，个性彰显。

第六节　普洱竹筒茶

　　云南竹筒茶的历史悠久，早在几百年前，西双版纳还依附于缅甸王朝，那卡拉祜人做的竹筒茶就已经是送给缅甸王的贡品了。直到清朝，每年西双版纳都要制作很多的竹筒茶，敬献给车里宣慰司。竹筒应该算最早的因地制宜的制茶、存茶方式，而且，茶叶经过竹汁的浸润和"舂"这一过程的挤压，茶叶吸收了竹子的清香，香气更加清幽而且滋味也变得更加浓稠。另外，在潮湿的东南亚山地一带，茶叶只有在竹筒外壁的保护下，才能防潮防霉变，茶叶才能历久弥香！

　　云南少数民族众多，各民族的竹筒茶做法也各不相同。佤族竹筒茶的制作十分讲究。选用一芽二叶的大叶种原料，经过杀青、揉捻后，将茶叶装入直径5~6厘米，长22~25厘米的竹筒内，边装边用木棍将竹筒内的茶叶压紧实后再装茶叶，直至竹筒内茶叶填满舂紧为止，然后用甜竹叶或草纸堵住筒口，放在离炭火高约40厘米的火塘三脚架上，以文火慢慢烘烤，不断翻动竹筒让其均匀受热，待竹筒由青绿色变为焦黄色，筒内茶叶全部烤干时，即成竹筒香茶。饮用时，剖开竹筒取出圆柱形的茶叶，掰少许茶叶放入碗中，冲入沸水约5分钟即可饮用。

　　拉祜族的竹筒茶制法比较复杂。将晒干的青茶放进饭甑中，甑底堆放一层被水浸透的糯米，甑的中央则铺垫一块纱布，放上毛茶，蒸15分钟左右，待茶叶软化并充分吸收糯米香味后倒出，装进竹筒，边装边用木棍将筒内茶叶舂压烘烤，直至竹筒内茶叶填满压紧为好，再用甜竹叶或草纸堵住筒口，放置于火塘上，以文火慢慢烘烤，至筒色由绿变为焦黄，筒内茶叶完全烤干，剖下竹筒或储存于竹筒内，即成竹筒香茶。拉祜族竹筒茶香气馥郁，在茶香和竹香中融入了糯米香，三香一体，喝起来香气口感更加宜人。

傣族制作竹筒茶也是选择当地的香竹或者甜竹，但茶叶是用经过加工好的普洱毛茶。新鲜竹子砍回来后切成段，在火塘上烤热后将茶叶装入竹筒继续烤，茶叶受热软化后就用木棍压紧，继续装入茶叶，一边烤一边压，反复多次直到茶叶装满为止，待竹子和茶叶烤干以后就可以劈开竹筒，取出茶叶备用。

竹筒茶的制作只能选择当地的一种香竹和甜竹，而且砍伐时间也很讲究。好喝的竹筒茶必须要等到凉季才能做，也就是公历的 11 月份以后、2 月份以前，因为只有这个时间段的竹子密度够大，水分又少，虫不食，才能长期存放。其他时间采伐的竹子容易长虫，不仅起不到对茶叶的保护作用，还会把茶叶染一层竹灰。

香竹就是当地少数民族用来做竹筒饭的那种竹子，内瓤细密，是所有竹子里面最香的一种，内径在 3 厘米左右。甜竹是竹筒茶最常用的一种竹子，一方面，甜竹味偏香甜，不苦不麻，香气也非常好，是可以食用的竹子；另一方面，甜竹的筒壁内径在 6~7 厘米左右，相对来说，比较好塞茶叶进去，这样做出来的茶叶芽叶完整，不断不碎。香竹口径较小，原料上只能选择外形相对细小一些的，最有名的如那卡竹筒茶。

当然，也有用巨龙竹（这种竹类非常大，直径通常在 20 厘米左右）来做竹筒茶的，但那种多属茶店的装饰工艺品，于茶叶口感无甚帮助，而且因为茶叶和竹子壁太厚的缘故，干燥不好就很容易造成茶叶霉变。

此外，云南少数民族还有很多竹筒茶，如：以竹筒作为贮茶工具，拉祜族那卡竹筒茶、壮族姑娘茶、布朗族酸茶为代表；以竹筒作为煮茶和饮茶工具、茶壶、茶杯等，以布朗族、阿昌族的青竹茶，景颇族的鲜竹筒茶为常见。

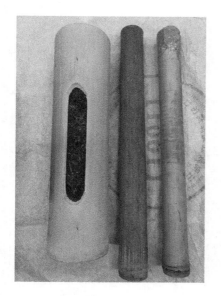

图 9.21　普洱竹筒茶　　　　　　　　图 9.22　大竹筒茶

第七节　陈皮普洱茶

陈皮是芸香科植物中柑、橘类果实的皮经过干燥陈化后的总称，长江以南各地都有出产。根据果实来源分为柑皮、橘皮；根据果实成熟度分为青皮、黄皮、红皮；根据产地不同，分为广东陈皮、四川陈皮、湖南陈皮、江西陈皮等，其中，以广东江门新会所产的陈皮最为有名。

传统习惯上，陈皮在北方地区主要以药用为主。但南方地区属于药食同源，药食两用，陈皮不仅药用，且广泛用于香料、调味、煲汤、保健养生。

陈皮与普洱配伍，堪称绝配，其香气口感和保健功能都远远超过一加一等于二的普通加法。虽然陈皮普洱以前在南方也有人品饮，但都局限于小范围内。真正在全国范围内的流行也就是近几年的事。

图 9.23 大红柑柑普茶

图 9.24 生晒小青柑

图 9.25 清香小青柑

一、 陈皮普洱的种类

简单地说，陈皮普洱就是陈皮加普洱，但根据陈皮和普洱的不同大概可以分为以下四类。

1. 散装类

就是陈皮丝和散装普洱按一定比例拼配在一起。其质量根据陈皮的新老和普洱的级别、年份来区分档次的高低。这种散装的陈皮普洱自己在家也可以制作，而且可以根据自己的口感和喜好进行拼配。拼配好以后装箱或者装罐储存，简单方便。

2. 果装类

果装就是将普洱装入掏空果肉的果皮里面。其种类根据果实来源可分为不同产地的陈皮普洱；根据果树种类可分为柑普和桔普；根据果实成熟度不同可分为小青柑、二红柑和大红柑；其品质高低就陈皮而言柑比橘好，产地以新会产为佳，成熟度方面青柑刺激性较重，红柑相对甜顺。

所装普洱以级别和年份决定档次，级别越高质量越好，最好是宫廷；同等级别的普洱茶年份越久越好。需要特别说明的是，小青柑因为果小，粗料装不进去，绝大部分厂家都是用的宫廷料。低档次的会装入碎茶。

3. 紧压类

紧压类就是将拼配好的陈皮普洱再通过蒸压成型，根据形状不同可分为砖、饼、沱等。由于普洱和陈皮都有越陈越好的特性，所以适合存放，蒸压成形也方便储存和运输。

二、陈皮普洱的保健功能

陈皮普洱的保健功能主要由陈皮和普洱决定的。二者有相辅相成、相得益彰的功效。

1. 陈皮的保健功能

陈皮具有药用价值，对人体的呼吸系统、消化系统和心血管系统都有保健作用。主要表现在理气和中、化痰镇咳、健脾开胃和驱风下气等方面。

2. 普洱茶的保健功能

普洱茶的保健功能众所周知，养胃、养颜、降三高、抗氧化、抗突变、抗辐射、健齿、利尿、消炎、清心明目等。

普洱和陈皮结合，更丰富了普洱茶的保健功能，特别是对呼吸系统和消化系统具有保健功效。在秋冬天，雾霾空气污染比较严重，咽喉呼吸系统不舒服时，若冲上一泡陈皮普洱喝喝，马上就会有一种神清气爽的感觉。

三、 陈皮普洱的选购技巧

1.外形
陈皮红褐或者青褐色，油顺，芸香味清新鲜爽，无霉变无异味杂味；普洱茶条形紧细，色泽均匀，无老梗黄片碎末。

2.内质
冲泡后香气浓郁、纯正、无霉味杂味；汤色浓艳、明亮、透亮、油亮为佳，汤色淡、暗、浑的质量低下；口感浓厚、饱满、滑顺、甘甜为上，反之味淡、汤薄、苦涩则质差。

四、 陈皮普洱的冲泡和品饮

1.散装和紧压的陈皮普洱茶
散装和紧压的陈皮普洱茶因为陈皮和普洱已经按比例拼配好的，所以你只需根据自己喜好的浓淡取茶、洗茶、冲泡，和普洱熟茶的冲泡方式基本一样。

2.果装的陈皮普洱茶
果装的陈皮普洱都是单个包装。冲泡前先拆开包装，然后根据自己的喜好配比陈皮和茶叶用量，喜欢芸香味重一点就可以多放点陈皮，喜欢茶味重就少放点陈皮；其次根据品饮目的，在雾霾污染天气或嗓子咽喉不舒服时也可以多加点陈皮。

3.小青柑
小青柑可以和二红柑、大红柑一样拆开配比冲泡。小青柑还有另外一种冲泡方法，就是整个冲泡。因为小青柑个小，一般单个在10克左右。如果泡茶的器具大，品茶的人也多，就可以整个冲泡。整个冲泡就是将整个小青柑投入壶中，再洗茶，冲泡。讲究一点还可以在小青柑外皮上打眼，以方便茶汁浸出。

陈皮普洱是陈皮和普洱的有机结合，二者相辅相成、相得益彰；果引茶香、茶带果味、茶醇柑香；口感上普洱茶的甘甜醇厚，加上陈皮的鲜爽滑顺，造就了风华绝代的陈皮普洱茶。陈皮使普洱茶香气更雅，滋味更佳，保健功能更全。真是"陈皮普洱一相逢，便胜却人间无数"。

第十章 普洱茶名山介绍

　　普洱茶国家地理标志保护范围涵盖云南 11 个地州市 600 多个乡镇。每一区域内的茶树品种、树龄、海拔、土壤、气候、环境各不相同。由此造成各区域内的普洱茶在香气口感上的独特风味。而品质优异的山头古树茶越来越受到消费者追捧，知名度越来越高。从 21 世纪初普洱茶注重山头开始，短短十几年时间，山头茶越分越细。近年来还有古树单株出现，这些也从一个侧面反映了普洱茶消费群体的多元化，从而满足部分高端消费群体的需求。

图 10.1　老班章新建的大寨门

图 10.2 老班章自然村

第一节 版纳茶区的古茶山

一、老班章

老班章隶属云南省西双版纳傣族自治州勐海县布朗山布朗族乡管辖。地理位置上，老班章位于勐海县东南部，在布朗山乡政府驻地北面，距离布朗山乡政府约 35 千米，距勐海县城约 60 千米，与景洪市有 100 千米左右的车程。

自古以来，老班章村民沿用传统古法人工养护古茶树，手工采摘鲜叶是折采而不是拔采，土法日光晒青。时至今日，老班章普洱茶是云南省境内少有不使用化肥、农药等化学制剂的茶叶产地。老班章普洱茶，茶气刚烈，厚重醇香，霸气十足，在普洱茶中历来享有"班章王"等至高无上的美称。

图 10.3　老班章古茶树　　　　　　　　图 10.4　老班章茶树王

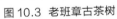
　　老班章茶树品种有苦茶和甜茶之分，苦茶种是老曼峨种，甜茶种为帕沙种。早期的班章茶都混采混做在一起，所以老班章早期给人印象最深的可能就是苦。近几年苦茶甜茶大部分已经分采分做，甜茶和苦茶价格也拉开了距离。

老班章普洱茶，香气高远，袅袅不绝，茶汤一入口，强烈的香气就贯穿始终；与香气同样强烈的是苦味，霸道而强大、阳刚，但这种苦多集中于舌面，苦味入口即化，瞬间化开后两颊生津，苦尽甘来，然后是嘴里持久甘甜；水路细腻顺滑，茶气霸道，体感强烈，茶气足；看似清淡，实则浓酽，处处彰显与众不同的"茶王"个性。

图 10.5 老班章饼茶

二、老曼峨

老曼峨地处云南省西双版纳州勐海境内布朗山的中心地带，海拔略低于老班章，常年高温湿润。老曼峨自然村隶属于云南省勐海县布朗山乡班章村委会行政村。其位于布朗山乡东北边，距离布朗山乡政府 16 千米。面积 68.4 平方千米，海拔 1650 米，年平均气温 18℃ ~21℃，年降水量 1374 毫米，适宜茶树生长。

图 10.6　老曼峨自然村

　　老曼峨寨可以说是整个布朗山最大、最古老的布朗族村寨。

图 10.7　正在修建的老曼峨寨门

图 10.8　老曼峨富丽堂皇的寺庙

　　老曼峨的茶很苦，当地人将老曼峨乃至整个布朗山茶区从老曼峨引种繁衍的茶称为苦茶。

　　老曼峨的苦茶由于奇苦，由此充当了加工普洱茶的味精：众多茶厂和茶商在生产加工普洱茶饼时，往往用老曼峨的茶做拼配，以提高和丰富茶叶的口感和滋味。

图 10.9　掩映在翠绿下的老曼峨古茶树

老曼峨茶条形肥壮厚实、紧结显毫，汤色剔透明亮，滋味浓烈厚实，耐冲泡，入口苦味重，回甘好，茶品独具特色，很受喜爱喝酽茶人群的欢迎。

三、帕沙

勐海县格朗和乡西南帕沙村的茶山，处于南糯山与布朗山之间，海拔1200~2000米，年平均气温22℃，年降雨量1500毫米左右。

图 10.10 帕沙古茶园

帕沙古树茶产地有帕沙新寨、帕沙老寨、帕沙中寨、南干、老端等寨。

图 10.11　帕沙自然村

　　帕沙村产茶历史悠久，唐宋时期即有哈尼先民居住种茶，目前仍保留相当数量的古树。

图 10.12 帕沙古茶树

　　帕沙目前存留的古茶园有 2900 亩左右，每个寨子都有一定数量的古树资源。上百年树龄的古树存量很多，大树成片，基本未经矮化，保护较好。其中，帕沙老寨的古树茶较为出名。

图 10.13 帕沙茶树王

　　帕沙茶树品种为甜茶种，相对于老曼峨种，帕沙古树苦味明显偏轻，茶汤入口清爽、厚实，涩味明显，回味甘甜。

四、勐宋那卡

那卡古树茶是勐宋茶区最具代表性的茶，是勐海县勐宋乡大曼吕村委会的一个拉祜族寨子，位于滑竹梁子山的东面。那卡寨子以出产品质上好的古树茶而被人们所认识。全寨有 600 多亩成片古树茶园，其茶树龄大部分在 100~300 年之间。

图 10.14　那卡古茶山

那卡茶在大范围划分上属于勐海勐宋茶区，勐宋茶区的乔木老树茶以那卡的最著名。那卡茶苦味比布朗山茶轻，涩味比帕沙茶轻，所以适口感好。那卡茶经久耐泡，回甘生津快。那卡拉祜人做的竹筒茶，在清代就闻名遐迩。

图 10.15　那卡自然村

　　那卡茶香气高，盏底留香较好，苦涩较明显，苦大于涩，汤质厚实、饱满，回甘好。

五、贺开

贺开位于勐海县勐混镇贺开村，北连著名古茶山南糯山茶区，东邻拉达勐水库，海拔1400~1700米。

图10.16 贺开

贺开古茶区包括曼弄新寨、曼弄老寨、邦盆老寨、曼迈、曼蚌、曼囡等寨。

贺开拉祜族属古羌人余脉，很早就在贺开一带种茶。当地人以诸葛亮为茶祖，每年有仪式祭拜。当地还流传着古茶树的传说。近代贺开也是版纳较为著名的茶区之一。

贺开现有连片古茶园9000亩以上，分布于贺开、曼蚌2个村委会7个寨。贺开古茶园在西双版纳所有古茶园中连片面积最大。在曼弄新、老寨之间有十几株树龄上百年的大茶树。古茶园自然环境保护得较好。

图 10.17　贺开古茶树

　　贺开茶质香气高扬，汤质饱满，略有苦涩，苦涩化甘较快，古韵明显。

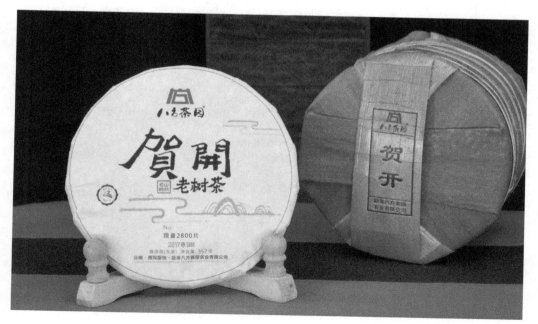

图 10.18　贺开普洱茶

六、麻黑

麻黑是易武著名茶山之一，隶属于西双版纳傣族自治州勐腊县易武镇。麻黑不仅古茶树面积大，麻黑茶也是易武普洱茶中最具韵味的茶。因此，麻黑有"易武正山"之称。

图10.19 易武大寨门

麻黑属麻黑村委会，是易武6个村委会之一。麻黑是麻黑村委会所在地，管辖刮风寨、大漆树、落水洞、曼秀、三丘田、荒田、郑家梁子等村寨。历来以盛产优质普洱茶而闻名于世，著名的滇藏茶马古道串起各村组。其地平均海拔1331米，年平均气温17℃，年降水量1950毫米，非常适宜大叶种茶树的生长。

图 10.20 易武麻黑自然村

　　麻黑茶是上等易武茶品质的标杆。易武几大山头出产的茶品历来受到普洱茶迷的青睐，而麻黑茶又是易武茶中最具韵味的茶，无论从品质还是产量来说，麻黑茶在易武都是首屈一指。

图 10.21 易武麻黑古茶园保护告示牌

　　麻黑茶外形条索紧实细长，隐毫，油顺；香气优雅绵长，汤色黄亮，汤质醇厚饱满，绵柔滑厚，苦涩味轻，适口感好，因此自古以来有"班章王易武后"之说。易武茶香扬水柔，而麻黑茶更以绵柔见长，为易武茶中之上品。其特点是汤糯、水柔、色清、香雅、气足、味醇。口感宽广饱满、柔中带刚、绵滑细腻、韵味深远。

七、落水洞

落水洞系彝族村寨，隶属麻黑村，海拔约 1463 米，年平均气温 17℃，年降水量 1950 毫米，适宜茶树生长。茶叶是该山寨的主要经济来源。落水洞的地理位置在北纬 22'~22'15" 之间，与麻黑村相连。常年云雾缭绕，温热多雨，土层深厚、肥沃，有机质含量高，透气性好。落水洞是因为村寨中心有个很大的洞，直接连接到易武边缘的某条河流而得名。

图 10.22 落水洞自然风光

落水洞是麻黑村委会古树茶的中心产区，其村寨周围几棵上百年的古茶树让这里名声大噪。落水洞茶出名不仅仅只依靠这里的古茶树及生态资源，更源于落水洞人对管理茶园的讲究和对采摘的规范，以及制茶工艺的严谨和精益求精。

图 10.23 落水洞自然村

　　落水洞的乔木型茶树，叶片为长椭圆形，树姿直立。山上植被较茂密，生态茶园和大树茶混合生长。

第十章　普洱茶名山介绍

图 10.24　作者和落水洞 1 号古茶树合影

　　落水洞成品茶条形细长，香气高雅，有花果香；汤细、水柔，属于香气高扬、适口感好、刺激性较低的茶品。

普
洱
茶
百
科

八、刮风寨

刮风寨隶属于易武茶区。隶属西双版纳自治州勐腊县易武镇麻黑村。距离麻黑村委会23千米，距离易武镇32.00千米，面积2.74平方千米，海拔1203米，年平均气温17℃，年降水量2100毫米，适宜茶树生长。

刮风寨古茶树分布在约50平方千米的原始森林中，其中大部分没有矮化，主要集中在薄荷堂、茶王地、冷水河、白沙河、茶坪等地。优越的自然条件和生态环境，为刮风寨的茶树创造了最适宜生长的条件，这里生长的茶树很多都是树龄百年以上的古茶树。近年来，由于山头越来越细化，辖区内薄荷堂、茶王地的古树茶异军突起，其茶叶价格已经在易武茶区独占鳌头。

图10.25 刮风寨茂密的森林植被

第十章 普洱茶名山介绍

图 10.26 刮风寨自然村

图 10.27 刮风寨过渡型古茶树

　　刮风寨茶香幽扬、蜜香明显，汤细水柔、苦涩味轻，柔滑细腻中藏着强劲内敛的茶气。喉韵绵延悠长，沁心入腹，耐人寻味，是易武难得的好茶。

图 10.28 刮风寨古茶树

图 10.29 刮风寨普洱茶

九、弯弓

弯弓隶属于西双版纳傣族自治州易武镇，属于古六大茶山之一的曼撒茶区。弯弓茶的品质是这几年才被人们渐渐地认识。长时间的沉寂，让这片茶树躲过最疯狂的抢采，留住了那悠远的古韵。弯弓大寨曾是古曼撒茶区的核心区域。据当地老人说，清咸丰以前，曼撒山村密集，人口过万，弯弓大寨和曼撒老街曾是易武茶山最兴旺的两个寨子，仅从弯弓大寨关帝庙的残垣断壁就可以遥想当年的繁华。后来，弯弓大寨逐渐衰落，渐渐淡出茶人的视线。

图10.30 弯弓贡茶第一村

弯弓古树茶香气优雅、花香中略带蜜甜香、独具魅力；汤色呈蜜黄色，柔和而璀璨；滋味厚实、饱满、黏稠；水路细腻、滑顺；苦涩味轻、回甘生津较好，

图 10.31　弯弓古树茶饼

十、倚邦曼松

　　倚邦隶属勐腊县，位于勐腊最北部，今属象明乡管辖，涵盖 19 个自然村，面积 360 平方千米，海拔跨度较大，从 600 米至 1900 米皆有分布。其中曼松茶山海拔 1340 米。

图 10.32　曼松自然村

　　古树产地包括倚邦、曼松、嶍崆、架布、曼拱、麻栗树等。倚邦茶区历史悠久，至今仍保留一定量的 300 年以上的古树。尤其是清代曼松茶成为贡茶，令倚邦茶声名远播。

图 10.33 曼松贡茶园

　　倚邦古茶树保留量不大，在曼拱、倚邦、麻栗树等地还保留有小规模的古茶园。名声较大的曼松茶区，因为历经破坏，古树存量很小。这也是曼松古树一叶难求的原因。

图 10.34 生长茂盛的曼松古树茶芽

倚邦古树茶香气独特，略显蜜香，口感苦味很轻，涩味偏重，回甘较快。

倚邦茶中以曼松茶质量最好，真正的"曼松贡茶"产量并不多，严格意义上的"曼松贡茶"古树屈指可数。倘若你花高价买到了正宗"曼松贡茶"，那就说明你和曼松茶很有缘了。

曼松茶香气优雅，汤质甜滑饱满，苦涩味轻，杯底留香长，回味甜润，喝的时候口里甜，喉头甜，韵味好，茶气足。

十一、蛮砖

蛮砖古茶山，又称"曼砖"，现称"曼庄"，为普洱茶古六大茶山之一，位于今勐腊县象明乡南部，包括今象明乡的曼庄、曼林两个村委会辖区和曼迁、八总寨。该地平均海拔1100米左右，年降水量1700毫米左右。

蛮砖古茶山位于倚邦、革登、曼撒、易武四大茶山之间，包括蛮林和蛮砖等地。蛮砖有古茶园500余亩，蛮林有古茶园1000多亩，茶树生长较好、密度较高，每亩约100株以上，其中最大的茶树高3.9米，基径34厘米，树龄在300年左右。

蛮砖作为云南古六大茶山之一，茶区是目前六大茶山中古茶园保存比较完整的。茶区自然生态环境也相对原始，宜茶的气候条件和土壤孕育出优质的大叶种茶原料。

图10.35 茶农正在采茶的蛮砖古茶园

蛮砖茶树属于乔木大叶种，芽头肥硕，白毫浓密，叶片深绿色；香气沉稳而悠长，不若曼撒、易武张扬；汤色深黄，茶汤口感质厚水滑，苦涩偏重，回甘较慢但持久性好。

图 10.36 蛮砖古茶树

十二、攸乐

攸乐隶属于景洪市基诺乡。攸乐山又称基诺山。基诺山东西长 75 千米，南北宽 50 千米。东北与革登茶山为邻，西南接小勐养、勐罕、勐宽三坝子，它是古六大茶山中现存面积最大的古树茶区，海拔 575~1691 米，平均气温 18℃~20℃，年降水量 1400 毫米左右。

古茶园包括龙帕、司土老寨、么卓、巴飘等寨。

图 10.37 基诺山洛特老寨大寨门

传说基诺人是诸葛亮军队的后裔，基诺山种茶的历史非常久远。清代基诺山产量很大，毛料主要供易武、倚邦等地加工，相传著名的"可以兴"茶砖就是用攸乐茶制作的。

图 10.38 倚山而建的攸基诺山民居

　　古茶园多分布于 1200 米至 1500 米之间，面积约 3000 亩，200 年左右的古茶树存留很多。因其交通便利，近年来存在过度采摘的情况，茶质有所下降。

图 10.39 生长茂盛的攸乐山古茶树

    攸乐茶种属于大叶乔木，香气缺乏特色，汤色淡桔黄色，口感苦涩味略重，回甘快，生津好。

十三、南糯山

南糯山隶属勐海县格朗和乡，位于景洪至勐海公路旁，距勐海县城24千米。平均海拔1400米，年降水量1500~1750毫米。年平均气温16℃~18℃，相对湿度在80%以上，属典型的南亚热带气候。土层深厚、土质肥沃，具有适宜大叶种茶树生长的最佳生态环境。

古茶树包括竹林寨、半坡老寨、姑娘寨、石头寨、水河寨等。

图10.40　半坡老寨寨门

图 10.41 作者和当地爱伲族居民在姑娘寨合影

南糯山种茶历史悠久，享有盛名，传说当年诸葛亮南征时曾在此种茶。虽系传说，但古濮人种茶的历史则十分久远，后来哈尼人迁入南糯山开始种茶，南糯山半坡寨的 800 年茶树王即是历史的证明。在中华民国期间以及中华人民共和国成立后，这里都是普洱茶的重要产区。20 世纪 80 年代大规模开发茶园时对古树有一定的破坏。

图 10.42 南糯山风景

　　南糯山因茶园面积大，种植历史长，不同树龄的古茶树和现代矮化茶园生长在一起。

　　南糯山古树茶条形肥硕显毫；香气高扬，有花香；汤色桔黄、透亮，苦涩较轻，汤质饱满，厚实，富有层次，回甘较快，生津好。

图 10.43 南糯山古茶树

图 10.44 南糯山普洱饼茶

第二节　临沧茶区的古茶山

一、冰岛

冰岛古茶园位于双江县勐库镇冰岛村。明成化二十一年（1485）勐勐土司派人引种茶籽 200 余粒，成功培育茶树 150 余株。首批现在尚存茶树 30 余株。冰岛古茶园的种子在勐库繁殖，形成了著名的勐库大叶种。清乾隆二十六年（1761），冰岛茶种传入顺宁（凤庆），在当地繁殖变异后形成凤庆大叶种。茶籽传入临沧邦东后形成现在的邦东大叶种。据不完全统计，由冰岛茶种繁殖发展的茶园面积达 60 多万亩，所以，冰岛茶被誉为"云南大叶种之正宗"，勐库冰岛自然成为云南大叶种发祥地。

> "冰岛"在傣语中意为长满青苔的地方。冰岛茶产自于勐库镇冰岛村，由勐库大雪山野生古茶树种植驯化而来。据史料记载，冰岛是云南省临沧市最早种植茶树的地方。
>
> 明化二十一年（公元1485年），勐勐土司罕庭发派人选种200余粒，在冰岛种植成活150余株。数百年时间里，冰岛古茶园一直是勐勐土司的御用茶园，冰岛茶也一直作为傣族土司对外交往、馈赠的重要礼品。乾隆二十六年（公元1761年），勐勐第十一代土司罕木庄与顺宁土司联姻，陪嫁茶籽数百斤，在顺宁府繁殖至今，形成了凤庆长叶茶群体品种。随后，勐勐大叶种茶传入临翔区邦东乡，最终形成邦东黑大叶茶群体品种。500多年来，特别是新中国成立以来,冰岛古茶园的后系直接或间接的向县内外、省内外、国内外茶区传播,成为名符其实的勐库大叶种茶的发源地。
>
> 冰岛茶属典型的勐库大叶乔木树，鲜叶具有长大叶、墨绿色，叶质肥厚柔软，持嫩性强，芽叶肥壮重实的特点，干茶条索清晰明亮，肥硕显毫，茶汤滋味清甜纯净，口感饱满顺滑，香气馥郁悠长，回甘生津明显、持久，是勐库大叶种茶之极品。用冰岛茶生产的普洱茶更是云南普洱茶的极品。有专家评价："冰岛茶一芽四叶还很柔嫩，不像其它茶种一芽二叶就显老相"。叶底芽头嫩而多茸毛、色嫩黄叶质柔软不硬翘，许多品饮过冰岛茶的人，对其型、其色、其味、其质都赞不绝口，一致视其为茗中精品。
>
> "Bingdao" In Dai language means "the place full of moss". Bingdao tea, domesticated and grew out of ancient tea tree of Mengku big snow mountain, is from Bingdao village of Mengku town. According to historical records, Bingdao village is the first place of growing tea tree of Yunnan.
>
> In the 21st year of Ming Dynasty (1485 AD), Meng Meng chief

图 10.45　冰岛村古茶树种植介绍

冰岛茶树是典型的勐库大叶乔木，叶片又长又大、墨绿色，叶质肥厚柔软、茶香浓郁，非常独特，它是勐库茶的上品，也是云南普洱茶的极品。茶的种植范围主要是在临沧市双江县勐库镇大雪山中下部冰岛村的冰岛老寨、地界、坝歪、糯伍、南迫五寨。

图 10.46 冰岛古茶树

图 10.47 冰岛茶王树

冰岛古茶兼具东半山茶香高味扬，口感丰富饱满、甘甜质厚及西半山茶质气强之长，茶气强而有力，有气足韵长的特点。冰岛古茶入口苦涩度低到几乎没有感觉，但香气高长而优雅，是典型的花蜜香；茶汤细腻，质感好，内涵丰富，香甜的茶汤会从口腔上颚一直弥漫整个鼻腔，满口生津不断，回味悠长。

图 10.48 冰岛普洱生茶

二、勐库大雪山

作为世界上最大的古茶树群落，双江勐库大雪山野生古茶树群落直到 1997 年发生干旱时才被世人发现。在接下来的十几年里，这个野生古茶树群落以其神秘的生存环境和极高的科研价值吸引了无数的专家学者前来考察调研。这里是世界茶树起源中心之一。大雪山的植被非常茂密，特别是生长在山里的一丛丛竹林像一道道天然的屏障阻挡着人们对大雪山更深处的探索。

图 10.49 勐库大雪山原始森林

图 10.50　大雪山一号野生古茶树

1. 地理位置

大雪山野生古茶树群落是目前全世界发现的海拔最高、密度最大的大叶茶种群落。生长群落地处双江县大雪山中部，海拔高度为2200~2750米。此茶采摘极难、产量极低，弥足珍贵。

2. 生长形态及茶种

勐库野生古茶树属于野生型野生茶，在进化形态上，比普洱茶种还原始。该茶树种具有茶树一切形态特征和茶树功能性成分（茶多酚、氨基酸、咖啡碱等），可以制茶饮用；由于基因原始，产于高海拔寒冷地区，该茶种特具抗逆性强、抗寒性尤强等特点，是抗性育种和分子生物学研究的珍贵资源宝库。

图 10.51 大雪山野生古茶树

3. 特色

勐库大雪山野生茶叶质肥厚宽大，香型特殊，野香中带兰香，口感劲扬质厚，甜顺饱满，沉雄而优雅，回味持久，存放转化快。

图 10.52　勐库大雪山野生茶饼

三、勐库大户赛

大户赛位于勐库大雪山的半山腰，属西半山，离勐库镇 20 多千米山路。茶区海拔 2000 米左右。比起小户赛、中户赛（又叫豆腐寨）来，大户赛的名气要大得多，这是因为大户赛茶园面积大，产量高，质量好，是勐库茶品质的典型代表。

20 世纪 90 年代末大雪山野生茶发现以后，大户赛更是名扬中外，不仅因为大户赛是上大雪山的必经之路，也是多年登大雪山驱车之终点，然后就得步行登山了。不过现在公路已经从大户赛修到了更高的大雪山野生茶保护站，我们登大雪山参观原始野生茶群落当天就能往返。

大户赛现有150多户人家，有汉族和拉祜族居住，种茶历史有300多年，最早种植的300多年的大茶树还有近百亩。清末汉人迁入种植的茶园有500多亩，大部分是民国时期和中华人民共和国成立初期种植的。大户赛的茶园从公弄的三家寨、豆腐寨一直延伸到懂过、地界，几个山头全是茶树，就算花上一整天时间也难将大户赛的茶山走完。

图 10.53 建在山梁上的大户赛自然村

图 10.54 大户赛古茶树

图 10.55 大户赛生态茶园

大户赛普洱茶有以下特点：干茶条型粗壮，叶片肥厚，芽头壮实，内质香高味醇，浓酽霸气，彰显临沧茶茶气凛冽的风范。茶气强劲，苦味重，但入口即化，回甘快、明显。回甘与生津从第一杯茶汤入喉起，绵延悠远，喉韵润甜，整个品饮过程甘甜爽口。大户赛普洱茶是勐库茶品质的典型代表，因此大户赛有勐库正山之称。

图 10.56　勐库正山普洱茶

四、勐库小户赛

小户赛位于勐库镇北边，距离勐库镇 18 千米。占地面积 0.83 平方千米，海拔 1800 米，年平均气温 20℃，年降水量 1750 毫米，适宜茶树生长。小户赛在临沧双江很有名气，因为小户赛不仅有勐库面积最大的古茶园，还是双江目前古茶园保留得最多、保存得最好的寨子。

图 10.57 小户赛自然村

小户赛古茶园由以寨、梁子寨和洼子寨组成，现有 200 多户人家，以寨居住着 50 多户汉人，梁子寨和洼子寨则是拉祜族居住。

小户赛现有 500 多亩古茶园，是双江保存得最好的古茶园，茶树茎围超 1 米、树冠超过 5 米的成片茶园在 300 亩以上，十多株近千年树龄的古茶树径围超过 1.5 米。

图 10.58 小户赛古茶园

　　小户赛古茶树能完整保留至今，主要由于交通不便。从大雪山直流而下的
茶山河和滚岗河将小户赛夹在中间，再由南勐河横断，一下雨人畜都无法进出，
现在虽然修了简易公路，阴雨天车还是难以进出。

图 10.59 小户赛古茶树

　　小户赛的茶好在当地是尽人皆知，但小户赛的茶在全国出名还是近几年的事，这得益于冰岛茶的火热。小户赛茶香雅、质柔、汤甜，最接近冰岛茶的感觉，所以有"小冰岛""赛冰岛"之称。不是专业人士，没有喝过纯正冰岛大树茶的人很难区别二者之间的差异，这让一些不良商贩找到了牟利机会。不过话说回来，现在买冰岛茶能买到小户赛冒充的冰岛算是不错了；有些"冰岛茶"简直和冰岛茶的香气、口感完全不沾边。所以，建议消费者如果没有鉴别能力最好别去追名山古树。

　　小户赛古树茶条索肥大，梗圆，叶壮，汤色淡黄清亮，蜜香袭人，高锐，杯底留香。茶汤清甜细腻，水性醇绵滑顺，茶韵绵长，回甘快，喉韵舒爽、持久，两颊及舌底生津，耐泡度高。总体而言，小户赛茶口感汤感柔顺，水路细腻，并伴随着浓强的回甘与生津，唇齿留香。

五、忙波

忙波位于双江县南勐河西岸勐库坝子，属于勐库西半山，海拔 1200 米，现约有 80 户人家，其中傣族 50 户，佤族 20 多户（佤族 1959 年迁入忙波），还有几户汉族。现有古茶园 400 多亩，1995 年被当时的双江县茶厂注册（现在的勐库戎氏）。忙波村寨主要以傣族为主，认傣语为宛波，他们在这里居住约有 400 年。傣族大多住坝子，临水而居。

1903 年以前，傣族是勐勐（双江）的统治民族，傣族是当地的贵族。"腊丽宛波"（傣语意思是忙波最好的茶）和冰岛茶一样是供土司饮用的，这里是土司的"御用"茶园。在傣族土司统治勐勐时期，就奠定了忙波茶的身份和地位，也为今天忙波茶的出名打下了基础。1903 年，发生了一次大战乱，拉祜族、佤族的起义军攻入傣族聚居地，这场战乱结束了土司政权。1904 年，彭锟平息战乱后对勐勐进行了彻底的改土归流。

图 10.60　忙波自然村

图 10.61 忙波古茶山

　　傣族从迁来忙波后一直种茶叶，忙波寨的后面有片茶园叫亥弄大茶地（亥弄在傣语中的意思为很大一片），忙波最大的古茶树就在这里。忙波的茶林坡度不大，不旱也不涝，茶园无论新老都被保护得很好，整个山坡苍翠润绿。茶地中央还生长着一棵千年菩提树，它伸展着巨臂，呵护着这里大大小小的茶树。

图 10.62　忙波古茶园

忙波茶条形肥硕显毫，香气高雅，花香明显；茶汤黄亮，口感醇厚，苦涩味轻，回味甘甜。早期的忙波山头古树普洱生茶产品，干茶饼色泽金黄油润，条形肥硕、清晰显毫；汤色栗红，透亮，挂杯，花蜜香中带着沉香，香味入汤；所以，茶汤入口即觉满口生香，喝后回甘生津明显。前几道茶汤黏稠，滋味丰富，口感自始至终都很甜润。

图 10.63　2006 年忙波生饼

六、坝糯

坝糯是东半山最高最大的寨子，海拔超过 1900 米。现有 300 多户人家，汉族占 85%，其余为拉祜族。汉人进入坝糯的时间已近 200 年，坝糯的拉祜人自成一寨，与汉族寨相距约 500 米。200 年以来，拉祜族与汉族和睦相处，汉人们走马帮时还带上个别拉祜人一道走。坝糯的汉人注重办学，光绪中期坝糯已有私塾；1927 年，坝糯的青年去县城、临沧、昆明读书的相当多。

图 10.64　坝糯自然村

勐库坝糯是东半山藤条茶的代表产地。坝糯种茶历史悠久，种茶年代不会晚于冰岛。拉祜族 500 年前已在坝糯居住和种茶。1949 年以前，当地有 2000 多亩茶园，现如今留下来的古茶园有 1500 亩左右，还有 1400 多亩新茶园。 坝糯不仅在双江县，而且在整个临沧市都颇有声名，坝糯声名大是因为坝糯产的藤条茶在双江、临沧声誉最高。坝糯是双江藤条茶园保存得最好的地方，藤条茶园的面积在双江为第一。双江最古老最大的藤条茶茶树就在坝糯。藤条茶树形态奇特，百年藤条一棵茶树上有几十甚至上百根藤，最长的藤条可达 4 米。

图 10.65 坝糯古茶园

坝糯地区的藤条古树茶，芽头肥壮，条索清晰、均匀整齐；香气优雅高长，茶汤透亮，汤质充满阳刚之气；口感细腻饱满，内含丰富，劲扬、味刚，甘甜质厚，茶气强而有力；回甘快而持久，满口生津，气足韵长。优异的品质受到很多茶友的喜爱和赞美。

图 10.66　坝糯藤条茶

七、懂过

懂过村隶属于双江县勐库镇，懂过位于勐库茶山的西半山，海拔 1750 米，森林覆盖指数高，自然条件得天独厚。村委会位于懂过大寨，是勐库西半山最大的寨子，现有 400 多户人家。懂过村委会下辖 4 个自然村，6000 亩茶园中古茶园占了一半的面积。

图 10.65 懂过的盘山公路

图 10.67 懂过自然村

普洱茶百科

图 10.68 与懂过隔山相望的大户赛

　　懂过种茶历史悠久，以寨那片保存完好的明代栽培型古茶树，最大的一棵的径围达 180 厘米，被当地人称为茶树王，径围在 100~150 厘米之间的古茶树很多。所以，有学者认为懂过的种茶历史超过历史记载的明成化二十一年（1485），即冰岛最早的种茶历史。

图 10.69 懂过古茶树

　　懂过茶在勐库大叶种中叶片略微偏小，但内含物丰富，以香高味浓、沉雄质厚著称。新茶口感浓厚丰富，苦底较重，回甘快而持久，甘中生香，香中带甜；其甘甜度和协调性比冰岛、坝糯略差，但茶质厚重，茶气刚烈，在勐库大叶种中，风格自成一派。懂过每年春茶产量可达 400 吨，是勐库诸寨子中春茶产量最高的寨子。

八、公弄

公弄在当地少数民族语言中意为"大山上的寨子"，它距勐库镇12千米，坐落在勐库大雪山延伸向勐库镇的一条小山脉上。在公弄大寨，抬头就可以看到大雪山主峰，往远看，大户赛、懂过和东半山的坝糯、那蕉尽收眼底。

公弄老寨是一个布朗族人世代居住的寨子。布朗族是云南古濮人后裔，是世界上最早种植和利用茶叶的民族，现在发现的3200年香竹箐茶树王就是古濮人种植的，布朗族人是最早定居勐库的原住民族。中华人民共和国成立初期，公弄就有茶山2000多亩，是勐库的产茶大寨。现在勐库戎氏不仅和公弄村民签订公司加农户协议，也在公弄设有收购站。

公弄不仅产茶有名，而且是清朝唯一开过普洱茶商号的寨子。1900~1920年，丁济光在公弄开设"老号家"茶庄，生产饼茶和紧茶。据云南茶文化学者詹英佩考证，丁济光开设的"老号家"茶庄，比勐海最早的恒春茶庄（1908年）还早了近10年，当然比以后开的可以兴、同庆号、乾利贞、洪盛祥更早了。老号家由于茶叶品质好，产品供不应求，生意异常火爆。马帮一来就是100多匹，带动整个公弄都富裕起来了。后来因为土匪猖獗，专抢运茶马帮，马帮多次被抢，茶叶运不出去，丁济光只好把茶号撤出了公弄。现在要是能找到一饼"老号家"普洱茶，那真是无价之宝。

图10.70 勐库公弄大寨门

图 10.71 公弄自然村

说到勐库的种茶历史，大家都会自然提到明成化二十一年（1485）勐勐（双江）土司从勐海引进茶籽在冰岛种植，这被视为勐库种茶之始，因为这有土司家谱的详细记载。其实勐库在傣族入主之前，布朗族和拉祜族山寨都有茶叶种植，只是没详细的文字记载，但各山寨上千年的大茶树，就是强有力的证据。

公弄茶是勐库大叶茶的典型，香气浓郁高扬，持续时间长，甜香中略带花香；茶汤浓厚饱满，富有层次，喝进口中，茶汤苦味显现得快，苦重于涩，涩味在三四道之后在舌面出现；随之而来的是泉涌般的生津和清甜的回味。

图 10.72 公弄古茶山

图 10.72　公弄古茶树

　　在勐库有很多优质好茶，说"勐库十八寨，寨寨出好茶"一点也不为过。公弄的茶，没有炒作，没有盛名，人们只有在喝进口中回味着舌面的甘甜、体验着咽喉的滋润时，才会如梦初醒般地爱上它。

九、忙肺

　　忙肺茶区位于云南省永德县忙板乡。永德县是世界茶树的发源地中心之一，至今还生长着中华木兰以及大面积的野生型、过渡型、栽培型的古树茶，除名气外不输给任何名山茶。

图 10.73　忙肺古茶山

　　忙肺的野生茶和古茶树资源十分丰富。仅永德大雪山，野生茶资源就达 10 万亩。永德 15 万亩茶园，除了 4 万多亩新式茶园，其余 10 万多亩全是古茶园。

图 10.74 忙肺古茶园

　　忙肺既是一个山头，也是一个茶树品种。忙肺大叶种是云南省级优良树种。忙板乡忙肺村海拔 1800 米，生态环境完好。

图 10.75　忙肺藤条茶

　　忙肺大叶茶条形肥硕紧结，白显毫露；香气浓郁悠扬，有花香蜜香；汤色黄绿透亮，滋味鲜爽，茶汤厚重，口感饱满，水路黏稠；新茶略有苦底，但化得快，回甘快而持久；叶底肥厚柔软；有"永德小冰岛"之美称。

图 10.76　忙肺古树生茶

十、邦东大雪山

邦东大雪山位于临沧东北部，最高海拔 3430 米。邦东乡下辖 7 个村，管辖 1.4 万人，有茶园面积 5 万亩，其中古茶园面积 7000 多亩。

邦东大雪山地处澜沧江畔。有人形容邦东古茶树是"叶舒展于大雪山之中，根植于澜沧江畔"。邦东生态环境十分良好，土质肥沃，腐殖质含量高。古茶树生长在丛林和岩石之中。

图 10.77 邦东大雪山

近年来，邦东古树茶受到市场的认可，价格也一路走高，但相对于冰岛、班章来说，其性价比还是相对较高的。在邦东古茶树之中，知名度较高的是昔归、那罕、丫口等几个山头的古树茶和代表性单株古树。

图 10.78 邦东古茶树

图 10.79　邦东古茶树

图 10.80 生长在乱石中的邦东茶树

　　邦东古树茶一般具有以下几个比较明显的个性特点：香气高长，有典型的果香，茶汤黄亮，口感饱满，内涵丰富，回味持久，茶气强劲。有人能从邦东茶中喝出岩韵来。

图 10.81 邦东一号饼茶

十一、昔归

昔归隶属于临沧邦东乡邦东行政村。古茶山位于邦东大雪山脚下的澜沧江畔，昔归古茶园多分布在半山一带，混生于森林中，古树茶树龄约200年，绝大部分古茶树基围在40~50厘米。昔归茶属邦东大叶种，其采养方式和勐库坝糯、永德忙肺古茶园相同，因而茶树枝条细长，叶片稀少，也被称为藤条茶。当地习惯上每年只采春茶和秋茶两季，所以茶树保护得比较好，茶质比其他村寨要好得多。

图10.82

图 10.83　澜沧江沿村而过

　　昔归古茶园面积号称 300 多亩，因为古茶树和其他树林混生，实际面积要小得多，应该是几大知名古茶山中面积最小的（曼松除外）。加上昔归古树茶优异的品质和独特的香气口感，使得昔归茶尤显珍贵。

图 10.84　昔归古茶园

图 10.86　昔归古茶树

昔归茶条形紧实细长，黑褐油顺，香气独特，具有优雅的花香和菌香，让喜欢它的茶友爱不释手；茶汤黄亮，浓厚稠绵，内质丰富，层次明显；口感香甜，柔绵滑顺，茶汤适口感和融合度天衣无缝；水路细腻，回甘快，生津强烈持久。韵味十足，特色十足，茶气十足。

图 10.85　昔归古茶树

十二、香竹箐

香竹箐位于凤庆县小湾镇。在海拔 1750~2580 米之间生长着 2000 多亩栽培型古茶树和 3000 多亩野生古茶树。

图 10.87　香竹箐自然生态环境

图 10.88　云遮雾罩中的香竹箐古茶山

　　在海拔 2170 米，就是世界茶祖生长的地方。香竹箐茶王树高 10.6 米，树幅 11.3 米，茎围 5.84 米。2004 年初，中国农业科学院茶叶研究所林智博士及日本农学博士大森正司对其测定，认为其年龄在 3200~3500 年之间。香竹箐茶祖是迄今世界上发现的最大的古茶树，也是人类最早栽培的古茶树。香竹箐茶王树的发现，将人类种茶历史向前推进了 1000 多年，这对研究人类茶树的栽培历史和茶文化的演变具有重大意义。

2015 年，云南茶文化节在凤庆举办，采摘茶王树鲜叶制作的 100 克普洱茶拍卖出 35 万元的价格，这应该是普洱新茶价格创下的最高记录。

香竹箐古树茶叶片肥厚，色泽黄绿，香气独特，属非典型桂花香；茶汤黄亮，汤质醇厚，苦涩味低，富有层次，回味甘甜而持久。

图 10.89　香竹箐 3200 年栽培型茶王树

图 10.90　香竹箐二号古茶树

图 10.91　香竹箐古树茶饼

十三、白莺山

白莺山位于临沧市云县漫湾镇。白莺山古茶园处于海拔 2834 米的大丙山中部，古茶树群落生长在海拔 1800~2300 米之间，南北纵距 6 千米，东西横距 1.6 千米。

图 10.92　白莺山古茶山

白莺山古茶园目前仍保留自生、半野生和人工栽培的古茶树 180 多万株，分布在 2400 亩山地和村落中。现存最粗的古茶树位于海拔 2191 米处，其株高 10.5 米，冠幅 9.0×9.6 米，基围 3.7 米。

图 10.93 白莺山古茶树

　　白莺山古茶树种类多样，在这么小的范围内不仅集中野生型、过渡型和栽培型古茶树，而且有勐库种、本山种、黑条子、二嘎子、白芽口、贺庆茶等十几个茶树品种。白莺山俨然成了云南大叶种的品种基因库和中国茶叶进化的自然历史博物馆。

普洱茶科百

图 10.94　白莺山古茶园

　　白莺山位于澜沧江中游地带，这里水源充沛，土壤肥沃，日照充足，空气清新，是云南大叶茶种植生长的最佳环境。从漫湾到白莺山的几十千米，头顶蓝天白云，脚下碧水青山，一路烟雾缭绕，空气清新，鸟语花香。从远处望去，白莺山古树茶园只见森林，不见茶树。走进森林，方见茶树生长在水冬瓜木和核桃林内，古树和古茶树不稀不密、稀疏有序地分布。树龄最老的二嘎子茶王树，当地著称，树龄已达 2800 年。树龄在百年以上的茶树逾万株。这些古茶树，有的如团似球，有的冠如华盖，有的郁郁葱葱，形成白莺山一道美丽的风景。

图 10.95　白莺山一号古茶树

　　白莺山茶树品种多样,各品种的自然品质也各不相同,香气口感也各存差异,客户可以根据自己的爱好选择喜欢的品种。

第三节　普洱茶区的古茶山

一、景迈

　　景迈古茶山位于思茅市景迈县惠民乡，是现存最大的四大古茶山之一。海拔 1100~1570 米，常年平均气温 16.5℃~19℃，年降水量 1400~1450 毫米，土壤为赤红壤和红壤，适宜茶树生长。

图 10.96　景迈山大寨门

图 10.97　景迈自然村

古树园产地涵盖景迈（大平掌）、芒景、芒洪、勐本、芒埂、翁洼、翁基、老酒房等。现有古茶山 15000 亩，代表品种有芒景村的芒洪古茶和景迈村古茶。景迈山自然环境保护较好，茶树基本没有经过人为矮化，和其他树木混生，这也是景迈茶具有独特香气的原因之一。景迈山古茶树存量较大，是我国十分珍贵的古树茶资源地。

图 10.98　景迈古茶园

景迈种茶历史悠久。据景迈山缅寺碑记载，景迈山大面积种茶的历史超过 1300 年；据布朗族史料记载，种茶历史更早，在 1800 年前；布朗先祖叭岩冷的传说则更为久远。在中华人民共和国成立之初，景迈茶曾被布朗族头人作为礼品敬献给毛主席。

图 10.99 景迈一号古茶树

　　景迈树种属于乔木树种，但叶片有大叶和中小叶之分，干茶可能条形粗细不是太匀整。当地工艺特点是揉茶充分，所以条形紧结，重实。干茶和挂杯香俱佳，有兰花香或幽兰香；汤色黄绿，口感饱满，苦弱涩强，但苦涩转化快，回味持久。口感苦弱涩强是其典型特点。

图 10.100　2005 年景迈乔木七子饼茶

二、 邦崴

邦崴行政村隶属于思茅市澜沧县富东乡。古茶山海拔 1640~1780 米，常年平均气温 16.8℃，年降水量 1100~1300 毫米，土壤为红壤，土层深厚、肥沃，适宜茶树生长。

图 10.101 邦崴古茶山

邦崴现有古茶山 3000 亩，茶树多在村寨边分散分布，古树园产地涵盖那东、小坝、南滇等寨。那东一带拉祜族种茶有几百年历史。代表植株有邦崴村新寨的过渡型茶树王，那东村那东老茶树和小坝村大平掌大茶树。

图 10.102 邦崴自然村

邦崴古树的知名，主要得益于邦崴村的过渡型茶王树。1992 年和 1993 年国内和国际两次研讨会确认了这里的过渡型茶王树，它们成为中国是茶树原产地的直接证据。

邦崴村新寨茶树王是乔木型大茶树，树高 11.8 米，树幅 8.2×9.0 米，基部干径 1.14 米，最低分枝 0.7 米。树姿呈直立型、主干明显，分枝部位介于野生型和栽培型之间。从主干、分枝部位、树冠、树型分析，它都属于典型的过渡型古茶树。

相关专家于 1991 年 4 月和 11 月两次分别对该茶树进行综合考察，并把采样送云南省茶叶研究所化验分析。结果显示，该茶树所含化学成分和细胞组织结构与栽培型茶树相同，但树冠、花柱、花粉粒、茶果皮等特征与野生茶树接近，树龄在 1000 年左右（最终确定为 1700 年），是迄今为止发现的树龄最古老的过渡型古茶树。

图 10.103 邦崴过渡型茶王树

　　邦崴大茶树既有野生大茶树的花果种子形态牲征，又具有栽培茶树芽叶枝梢的特点，是野生型与栽培型之间的过渡型，属古茶树，可直接利用。

普洱茶百科

图 10.104 邦崴古茶树

邦崴古树茶的茶质好，茶芽头肥大，条形肥硕；香气含蓄不张扬，但持续时间长；口感质厚味浓，苦涩适中，回甘明显，滋味浓烈，生津明显，且耐冲泡。所以深受消费者喜爱。

三、困鹿山

困鹿山是无量山的一支余脉，辖属普洱市宁洱县宁洱镇宽宏村，位于宁洱县城北面 39 千米处，海拔 1410~2271 米，中心地段南北延伸十几里，东西宽数里。山中峰峦叠翠，古木参天，最高峰海拔 2271 米。困鹿山古茶树群落地跨凤阳、把边两乡，总面积为 10122 亩。其中，凤阳乡宽宏村境内有 1939 亩，属过渡型茶树群落与阔叶林混生形成的原始森林。

图 10.105 困鹿山古茶山

困鹿山古茶园相传为清代皇家茶园，因此更为古茶山增加了神秘的色彩。困鹿山古茶园中的过渡型古茶树大、中、小叶种相混而生。

图 10.106 困鹿山茶王树

图 10.107　困鹿山古茶树

　　困鹿山成品茶香型独特，茶香清雅、高锐、持久；茶汤入口质厚、饱满、内含物丰富，微苦，但转化快，苦涩感易化，滋味甘甜且醇厚鲜爽，丰富沉厚，喉韵甘润持久，后劲较强，韵味足。

第十一章 云南少数民族的饮茶习惯

一、傣族竹筒茶

傣族以前是云南少数民族中的统治民族，傣族土司一般都有自己的御用茶园，喝茶也比较讲究。

傣族饮用的竹筒香茶别具风味，也是比较讲究的一种待客茶，傣语叫"腊跺"。

其制法有以下两种。

一种是采摘细嫩的一芽二三叶，经铁锅杀青，揉捻，然后装入特制的嫩香竹筒内，在火上烘烤，这样制成的竹筒香茶既有茶叶的醇厚茶香，又有浓郁的甜竹清香。

另一种制法是将晒干的春茶放入小饭甑里，甑子底层堆放一层用水浸透的糯米，甑心垫一块纱布，放上毛茶，约蒸 15 分钟，待茶叶软化充分吸收糯米香气后倒出，立即装入准备好的竹筒内。这种方法制成的竹筒香茶，三香齐备，既有茶香，又有甜竹的清香和糯米香。

饮用时，取出圆柱形的茶叶，掰少许茶叶放入碗中，冲入沸水约 5 分钟即可饮用。竹筒香茶汤色黄绿，清澈明亮，香气馥郁，滋味鲜爽回甘。

傣族人在田间劳动或进原始森林狩猎时，常常带上制好的竹筒香茶。在休息时，他们砍上一节甜竹，上部削尖，灌入泉水在火上烧开，然后放入竹筒香茶再烧五分钟，待竹筒稍变凉后慢慢品饮。饮用竹筒香茶，既解渴，又解乏，令人浑身舒畅。

二、白族三道茶

云南白族主要居住在风光秀丽的大理。这是一个好客的民族，在逢年过节、生辰寿诞、男婚女嫁、拜师学艺等重点仪式上，或是在亲朋相聚、宾客来访之际，都会以"一苦、二甜、三回味"的三道茶款待客人。

第一道茶被称为"苦茶"。

先将水烧开，再用一只小砂罐置于文火上烘烤。待罐烤热后，随即取适量茶叶放入罐内，并不停地转动砂罐，使茶叶受热均匀。待罐内茶叶"啪啪"作响，叶色转黄，发出焦糖香时，立即注入已经烧沸的开水。浸泡片刻后，将沸腾的茶水倾入茶盅献给客人。由于这种茶经烘烤、煮沸而成，因此，看上去色如琥珀，闻起来焦香扑鼻，喝下去滋味苦涩，故而谓之"苦茶"。

第二道茶被称为"甜茶"。

当客人喝完第一道茶后，主人重新用小砂罐置茶、烤茶、煮茶，与此同时，还得在茶盅中放入少许红糖。待煮好的茶汤倾入盅内八分满为止。这样沏成的茶，甜中带香。它寓意"人生在世，做什么事，只有吃得了苦，才会有先苦后甜"。

第三道茶被称为"回味茶"。

其煮茶方法虽然相同，只是茶盅中放的原料已换成适量蜂蜜，少许炒米花，若干粒花椒，一撮核桃仁。这杯茶喝起来甜、酸、苦、辣，各味俱全，回味无穷。

三、 哈尼族土锅茶

喝土锅茶是哈尼族的嗜好，这是一种古老而简便的饮茶方式。

哈尼族土锅茶，哈尼语叫"绘兰老泼"。煮土锅茶的方法比较简单，一般凡有客人进门，主人先用土锅（或瓦壶）将水浇开，随即在沸水中加入适量茶叶，待锅中茶水再次煮沸3～5分钟后，将茶水倾入竹制的茶盅内，敬奉给客人。土锅煮出来的茶汤浓酽，香气高长，回味持久。平日，哈尼族同胞也喜欢在劳动之余，一家人喝茶叙家常，以享天伦之乐。

四、拉祜族烤茶

茶是拉祜族人的日常生活必需品，烤茶是拉祜族一种古老而又简单的饮茶方法。

其做法是先将小土陶罐在火上烤热，再放入茶叶进行烘烤，待茶色焦黄散发出来茶香时即冲入开水煮。这种烤茶水香气足，味道浓烈，生津强烈，回甘持久，饮后令人精神倍增。

五、佤族烧茶

佤族烧茶和拉祜族烤茶相似，但又独具一格。

其做法是首先用壶将泉水烧开，再用一薄铁板放上茶叶在火上烧烤，待茶叶颜色由暗绿转金黄，散发出茶香或者焦糖香时，将茶叶倒入水壶内煮。这种方法煮出来的茶汤浓稠，茶味厚重，苦中带甜，焦中有香，回味持久。这是佤族人最喜欢的饮茶方法。

六、 布朗族青竹茶

布朗族的青竹茶是一种简便实用而又特殊的饮茶方法。在外劳作休息时就地取材，十分方便。砍伐碗口粗的青竹筒作为煮茶工具，竹筒装入山泉水后放入火堆上烧开，再加入茶叶，熬成茶汤后倒入短小的青竹筒做的饮茶杯内饮用。青竹茶融茶香和竹香为一体，香纯爽口，回味无穷。

七、德昂族沙罐茶

德昂族是云南最古老的民族之一。茶在德昂族人的生活中有着非常重要的地位。茶叶不仅是德昂族人的日常饮品，也是德昂人的祭祀用品和人际交往的必备礼品，所以德昂人有无茶不成礼之说。

德昂族人喜欢饮用沙罐茶。先用大铜壶把山泉水烧开，再用小沙罐将茶叶烤至焦香时，将铜壶沸水冲入沙罐熬煮。这种沙罐茶茶汤十分劲道，浓酽霸气，饮后能生津解渴和消除疲劳。

八、基诺族凉拌茶

云南少数民族中，基诺族喜爱吃凉拌茶。其实这是中国古代食茶法的延续，这种原始的食茶法在基诺语中被称为"拉拔批皮"。

凉拌茶的用料主料就是茶树的鲜嫩新梢，调料有黄果叶、辣椒、大蒜、食盐等。

制作方法是将刚采来的鲜嫩茶树新梢，用手稍加搓揉，把嫩梢揉碎，放于碗内。再将新鲜的黄果叶揉碎，辣椒、大蒜切细，连同适量食盐投入盛有茶树嫩梢的碗中。最后，加上少许泉水，用筷子搅匀，放置一刻钟左右，即可食用。

凉拌茶其实不仅是茶，也是一道菜。它既可招待远方客人，又是基诺人日常吃饭时的佐菜，是基诺族茶文化中最亮丽的一道风景。

第一节　隔夜普洱茶能喝吗

　　隔夜普洱到底能不能喝？有人说，"隔夜茶，毒如蛇"；但也有俗话讲，"喝了隔夜茶，饿死郎中伢"。怎么会有这么截然不同的说法呢？隔夜茶到底能不能喝？我们看看近年来的一些科研结果。

一、隔夜普洱茶的亚硝酸盐含量超标吗？

　　说隔夜茶不能喝的朋友通常认为，隔夜茶里亚硝酸盐含量超标，喝了致癌。是不是这样呢？让我们来看看湖北省教育厅科学技术研究项目（Q20121208）的实验[1]：用茶叶为当年产普洱熟茶，购自云南昆明，泡茶用水为蒸馏水。每次称取茶样 4 份，每份 5 克，将茶样置于 250 毫升的三角锥形瓶中，量取 200 毫升沸水冲泡，自然冷却至室温之后，对茶汤进行初次检测。然后分别在不同条件下存放 60 小时（存放过程中不分离茶渣）。茶样分别编号为 A、B、C、D。

---

[1]　参见赵振军、高静、邹万志、黎星辉《普洱茶茶汤存放过程中主要成分变化及饮用安全性分析》，载《河南农业科学》2014 第 1 期。

茶样 A：环境温度为 5℃，开放条件；茶样 B：环境温度为 5℃，封盖条件；茶样 C：环境温度为 25℃，开放条件；茶样 D：环境温度为 25℃，封盖条件。另取环境温度为 25℃时开放条件下存放的凉开水作为对照。存放过程中茶汤每隔 12 小时进行 1 次检测，共检测 6 次。实验结果如下：

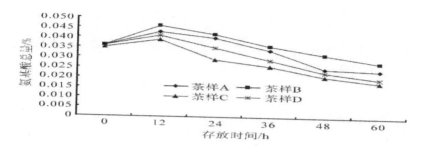

图 12.1　普洱茶汤存放过程中亚硝酸盐含量变化

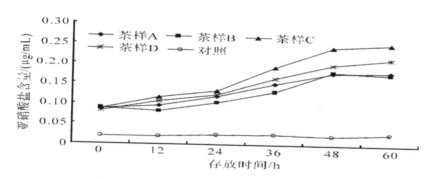

图 12.2　普洱茶汤存放过程中茶多酚含量变化

　　从图上可以看到，刚冲泡的普洱茶和白开水，都含有少量亚硝酸盐。在存放的 60 小时内，四个茶样的亚硝酸盐含量都大幅增加。环境温度高的比环境温度低的增加幅度大，而同样温度下，不封盖的比封盖的增加幅度大。不过，即使是亚硝酸盐含量最大的 C 样，其含量也才 0.251 μg/mL，远低于国家标准 GB 5749-2006《生活饮用水卫生标准》中规定的生活饮用水亚硝酸盐限值 1 mg/L（等于 1 μg/mL）。由此可见，隔夜茶的亚硝酸盐含量是在安全饮用范围内的。

二、普洱放置太久会不会产生大量微生物，喝了不卫生？

早在神农时期，茶就被用于杀菌消炎。现代科学发现，茶叶里含有一种物质，叫作茶多酚，具有极好的抗菌性。茶多酚对几乎所有的病原细菌有一定的抑制作用，而且还能对某些有益菌的增殖有促进作用。另外，茶多酚抗菌不会使细菌产生耐药性。抑菌所需的茶多酚浓度较低，100mg/kg 即能抑菌。除此之外，茶叶中的茶色素也有着相似的抑菌作用[1]。正是因为茶叶的这种强大的抗菌作用，我们不用担心隔夜普洱的卫生问题。

三、隔夜普洱还有营养吗？

让我们再来看看湖北省教育厅科学技术研究项目(Q20121208)的实验结果[2]:

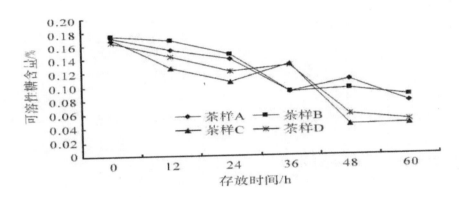

图 12.3 普洱茶茶汤存放过程中可溶性糖含量变化

普洱茶茶汤中茶多酚和游离氨基酸含量在存放 12 小时的时候达到最高，这是因为随着普洱茶在茶汤中的浸泡，内含成分逐渐溶出；存放 12 小时后逐渐下降，一方面是由于茶多酚与氨基酸在空气中自然降解，这就是开放条件下茶多

---

① 参见宛晓春《茶叶生物化学》，中国农业出版社 2003 年版，第 328-329 页。
② 参见赵振军、高静、邹万志、黎星辉《普洱茶茶汤存放过程中主要成分变化及引用安全性分析》，载《河南农业科学》2014 第 1 期。

酚与氨基酸含量的降低速度大于封盖保存下的降低速度的原因；另一方面可能源自茶中微生物的降解或转化。普洱茶茶汤存放过程中可溶性糖含量的变化则略有不同，在总体下降的趋势下，有小幅度的增加。这可能是由于茶汤中的微生物在生长过程中将部分大分子的纤维素等降解转化为小分子的可溶性糖有关。总体来说，普洱茶茶汤存放 12 小时，茶汤中的茶多酚、游离氨基酸、可溶性糖含量仍保持较高水平，仍然具有相当的营养价值。

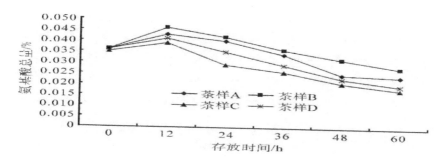

图12.4 普洱茶茶汤存放过程中氨基酸含量变化

四、隔夜普洱口感怎样？

央视"是真的吗"节目组特地对此做过实验。记者邀请国家高级品茶师对第一天上午 9 点、当晚 9 点、第二天上午 9 点冲泡的茶水的口感进行评定。该品茶师从口感、风味来进行比较，鉴定认为，不论是放置 12 小时还是 24 小时的隔夜茶都没有变质："虽然它经过泡的时间比较长，但是它还具有该茶本来应该有的口感，普洱讲究陈味和醇味，隔夜茶可能还会更好一点。"①

结论：隔夜普洱没有"毒如蛇"那么可怕，也没有"饿死郎中伢"那么神奇，大家完全可以用平常心对待。放置久了，觉得凉了不好喝，直接倒了就是。若是觉得好茶倒掉可惜，则完全可以放心品饮。

---

① "是真的吗"节目组：隔夜茶不能喝？http://tv.cntv.cn/video/VSET100158570946/f784276c96f246a5ac401ff8db0d1460。

第二节　常喝普洱茶会造成钙质流失吗

一、国内外研究成果

饮茶对改善骨质疏松的帮助，国外已有了大量研究，国内相关论文则较少。例如，《美国临床营养杂志》发表了一篇澳大利亚的研究成果。研究者调查了275名75岁至80岁的女性，通过5年的研究，他们发现骨质疏松的发生与饮茶量存在相关性。研究者分别在开始和结束时测定髋部骨密度，其结果显示：定期饮茶的女性比不饮茶者有更高的骨密度，饮茶者的骨矿物质含量也更高，且骨密度丢失较少。这些结果已经考虑到吸烟史和钙剂的补充。台湾成功大学的研究结果也显示，每天平均饮茶两杯至少6年可强壮骨骼。与无饮茶习惯者相比，饮茶6~10年者腰椎骨密度较高，饮茶超过10年者所有测定部位的骨密度都高。性别、年龄、体质指数、饮茶习惯、总体力活动是不同部位骨密度的主要影响因素。关于饮茶的行为特点，饮茶的时间是唯一独立的决定骨密度的指标。研究者认为，有饮茶习惯，特别是饮茶超过10年，对成人的骨密度有显著的益处[1]。国内某硕士研究论文亦显示，喝茶可以抑制钙流失、增强骨密度、改善骨显微结构、阻止骨胶原降解和骨吸收，尤以普洱和红茶效果最佳[2]。

二、喝茶为什么能改善骨质疏松

茶叶中的主要化学成分有茶多酚、咖啡碱、多糖、蛋白质、酶类、维生素以及矿物质等，它们是茶叶具有生物活性作用的物质基础。我们通过饮茶，不仅可以直接补充氨基酸、维生素、矿物质等营养素，还可以摄入抗氧化活性物质茶多酚等，这些都能对机体产生综合的生理调节作用[3]。

---

① 参见盛军《喝茶有利于防止老年骨质疏松》，载《普洱》2011年第1期。
② 参见孙权《普洱茶、红茶、绿茶对去势大鼠骨微结构改善作用的比较研究》，河北联合大学2014年。
③ 车晓明、陈亮、顾勇等：《茶多酚治疗骨质疏松症的研究进展》，载《中国骨质疏松》2015年第2期，第235-240页。

1. 茶多酚的作用

茶中多酚类化合物总称为茶多酚，是茶叶中最主要的活性成分。随着发酵的温度和时间的变化，茶叶中酚类物质及其衍生物会进一步发生氧化聚合反应而部分转化为茶色素，如茶红素、茶黄素、茶褐素。茶色素是一类水溶性酚性色素，通常茶色素的活性极大，结构复杂且极不稳定。茶色素不仅是构成茶品质最重要的成分之一，而且具有多种保健功效和药理功能，在某些方面甚至优于茶多酚，被誉为"药物中的绿色黄金"。茶多酚的骨保护作用的机制主要来自以下六个方面：①通过抗氧化应激作用减缓骨钙流失；②通过抗炎症反应减缓钙流失；③增强成骨作用；④抑制破骨作用；⑤通过激活血管内皮生长因子调节机制，促进骨形成；⑥通过抑制热休克蛋白27调节机制促骨形成[③]。

2. 茶中其他对骨健康有益的活性成分

茶是食源性氟化物的重要来源。氟化物的摄入能减缓骨质疏松[①]。然而需要注意的是，过量喝茶可能导致氟化物的摄入过量，会对骨密度的保持有害[②]。茶还是潜在黄酮类的来源，包括植物雌激素、大豆异黄酮和木脂素类。有研究称这些黄酮类具有重要的生物功能，包括弱的雌激素样作用。来源于茶的黄酮类物质能提高骨密度[③]，尤其对内源性雌激素缺乏的老年妇女有帮助。

三、改善骨质疏松，首选普洱熟茶

上文已经提到，研究表明改善骨质疏松以普洱和红茶的效果最佳；而改善骨质疏松，往往是中老年人的需求。中老年人通常会有些神经衰弱，晚上睡眠

---

① Vestergaard P, Jorgensen N R, Schwarz P, et al. Effects of treatment with fluoride on bone mineral density and fracture risk—a meta-analysis, Osteoporos Int, 2008, 19(3): 257-268.

② Hallanger Johnson J E, Kearns A E, Doran PM, et al. Fluoride-related bone disease associated with habitual tea consumption[J]. Mayo Clin Proc, 2007, 82(6): 719-724.

③ Whelan A M, Jurgens T M, Bowles S K. Natural health products in the prevention and treatment of osteoporosis: systematic review of randomized controlled trials[J]. Ann Pharmacother, 2006, 40(5): 836-849.

质量不高。红茶和普洱生茶的咖啡碱含量较高，具有明显的提神作用，很可能会影响中老年人的睡眠质量。另外，中老年人的肠胃功能一般较弱。普洱生茶茶多酚含量较高，对肠胃刺激大，不建议饮用。红茶在发酵过程中，把茶多酚氧化成了茶黄素、茶红素，茶黄素和茶红素同样对肠胃有刺激作用，亦不建议饮用。而普洱熟茶在发酵过程中，把茶多酚主要氧化成了对肠胃无刺激的茶褐素。

第三节　小孩可以喝普洱茶吗

茶艺培训班里学泡茶的小孩子越来越多，好多家庭父母亲喜欢喝茶，小孩也跟着学会了喝茶。这是因为茶文化是中国传统文化的组成部分，学习泡茶不仅可以让孩子从小掌握一门技艺，而且可以让他们从茶里学会做人的道理，从茶艺里陶冶情操，培养高尚的情趣爱好。

但也有很多反对的声音，说小孩子不宜过早喝茶。茶里含有刺激物质，对小孩的身体成长不益。

众说纷纭，那小孩子到底该不该喝茶呢？

一、没有明确的数据显示儿童不能饮茶

一般家长都不敢给孩子饮茶，认为茶的刺激性大，怕伤孩子的脾胃。其实，这种担心是多余的。截止到目前，国内外的科学研究都没有明确的数据显示饮茶危害儿童健康，反而是对软饮料的研究证实，儿童喝过多软饮料，尤其是可乐等碳酸类饮料，会导致龋齿、缺钙、贫血、多动症、学习障碍等问题。因此，儿童喝饮料还不如喝茶。

二、儿童饮茶讲究适度

儿童饮茶应当适度，尤其是年龄小的孩子，不要过量，更不能饮浓茶和凉

茶。饮茶过多会使孩子体内水分增多，增加心脏和肾脏负担；饮茶过浓，会使孩子过度兴奋，心跳加快，小便次数增多，晚上饮茶还会引起失眠。孩子正处于生长发育阶段，各系统的发育还没有完全，经常使孩子处于兴奋状态，使孩子睡眠时间减少，都会使孩子过多消耗养分而影响生长发育。

三、茶叶中的成分仅咖啡因不适合未成年人

茶叶中含有儿童生长发育所需的酚类衍生物、咖啡碱、维生素、蛋白质、糖类和芳香物质，还含有锌、氟等对儿童发育有益的微量元素。只要合理饮用，茶水对儿童健康同样有益。只有其中的咖啡因不适合未成年人，一般要求每日饮量不超过 3 小杯，尽量在白天饮用，茶水要偏淡并温饮。

四、喝茶能促进儿童消化、增进食欲

小孩往往比较贪食，过饱现象时常发生，适当饮茶能消食除腻，加强胃肠蠕动，促进消化液分泌。茶水中所含有的维生素、蛋氨酸等对脂肪代谢尤其有用，可减轻油荤带来的不适感。

五、选择适合儿童的茶叶

既然茶叶中只有咖啡因不适合儿童，那就选择咖啡因含量低的茶叶品种。普洱熟茶在渥堆发酵过程中，咖啡因经过氧化络合形成了大分子，已经没有咖啡因的兴奋作用，所以儿童用茶选择普洱熟茶是最适合的。

六、儿童忌饮浓茶

儿童喝茶不要泡得太浓，太浓酽的茶会使消化道黏膜收缩。高浓度的鞣酸会与食物中的蛋白质结合形成鞣酸蛋白，从而凝固沉淀，影响孩子的食欲和消化吸收。另外，饮茶太浓，还可造成维生素 B1 缺乏，影响铁质吸收。所以给孩子饮茶，应以清淡、适量为好，千万不要让孩子饮浓茶或过量饮茶。

所以，儿童喝茶不是问题，饮茶的好处不可忽略，不过由于儿童时期心、脑、肾等各个脏器生长发育不全，代谢特点也与成人有异，所以父母在给儿童饮茶时，也要注意以下几点。

1.要严格控制量
每日饮量不超过 3 小杯（每杯用茶量为 0.5~2 克）。

2.要禁喝浓茶
因茶叶中的单宁易与食物中的铁质结合成不溶性的复合物，从而影响对铁质的吸收。浓茶刺激胃壁，也可使胃黏膜收缩，胃液变淡，影响消化功能。一定要以淡茶为主。

3.要选择好饮茶时间
饭后不宜马上饮茶。茶水中含有较多的鞣酸，可与钙、磷、铁、锌等矿物质结合成不溶性化合物，可阻止机体对矿物质的吸收。

临睡前不宜饮茶。茶中咖啡因类兴奋剂对中枢神经有一定的兴奋作用，儿童神经系统发育尚不完善，对此类物质较敏感，睡前饮用可使儿童出现兴奋失眠。

4.选择合适的茶品
儿童饮茶最好选择咖啡因含量低的普洱熟茶。

第四节 夏天可以喝普洱茶吗

你知道吗？其实最好的消暑方式，不是以凉制热，而是以热制热。中医辨证认为，人的身体于夏天外热内凉，于冬天外凉内热，所以历来就有冬病夏治一说。从科学的角度来说，热茶更容易让水分吸收散发，起到降温作用。而冰水凉水则会对胃产生刺激，造成胃收缩，不利于水分吸收散发。所以，民间也有"热茶解暑"的说法。

有的人本身就体质虚寒，还贪一时痛快，饮食寒凉，就容易损伤脾胃，导致食欲不振、腹痛腹泻等症状。所以，夏天解暑，最适合的莫过于泡上一壶好茶了。普洱生茶消暑去燥、清热止渴，有降脂、提神、降压等功效，适合中青年人群。普洱熟茶口感醇香润滑，性质温和，而且具有养胃、降脂等功效，是脾胃虚寒、易失眠者夏日的最佳饮品。

选上一款心仪的普洱，轻轻打开棉纸，撬下一块，洗茶、冲泡、出水。一套流程下来，心已静如杯中的茶水。几杯下去，真是"唯觉两腋习习清风生"，将夏日的酷暑一扫而光。

喜欢西方花式茶的朋友，也可以用普洱熟茶代替红茶。熟茶和红茶一样，兼容性很好，可以添加各种东西。并且，熟茶是温性的，相比偏热性的红茶，更适合夏季饮用。下面推荐几款常见的夏季花式茶。

1. 菊花普洱

菊花清热解毒，普洱茶性温和，两者同时饮用，性能调和功效倍增，尤其适合热性体质的朋友。

2. 柠檬普洱

柠檬与普洱一样，具有生津祛暑、健胃消食等功效。夏季胃口不好？那就来一杯吧。

3. 蜂蜜普洱

普洱和蜂蜜兼有排毒清肠作用，适合夏天容易便秘的朋友。

4. 陈皮普洱

陈皮普洱清香甘爽，茶性温和甘醇，老少皆宜，可以理气健脾，去燥化痰。夏季脾胃不好或呼吸道不适，都可以试试这个。

夏季，还适合喝普洱茶花。普洱茶花，是普洱茶树盛开的花朵采摘干燥而成。干花呈白色或黄白色，散装或压成型。普洱茶花呈自然花香，含有丰富的氨基酸、茶多糖、蛋白质、自然蜜和皂苷等多种营养成分，具有清热解毒、降脂降糖、美容养颜、抗衰老等保健功效，口感香甜鲜爽，是夏季不错的选择。

实在想喝冷饮的朋友，还可以试试冰镇普洱和冷泡茶。

冰镇普洱在泡好的普洱茶（最好是熟茶）里加冰块，或者待茶冷却后置入冰箱冷藏饮用，口感清凉醇和，风味十足。

冷泡茶，顾名思义就是以冷水冲泡茶。制作冷泡茶时需注意：与传统的热茶泡法相比，冷水泡茶，茶叶内含物浸出速度较慢，需将茶叶泡上三四个小时方可饮用，因此需要提前准备。冷水泡茶，需要选择好茶好水。茶叶首选高档普洱生茶，水以纯净水为佳。第三，冷水泡茶要把握好投茶量，1000毫升瓶装水投茶三四克就够了。冷水泡茶，茶叶中带甜味的氨基酸、糖类易先溶出，而苦涩来源的单宁酸、咖啡因较不易释出。因此，相对热茶，冷泡茶的口感比较清凉甘甜，一口喝下去茶香给人的冲击力并不太强，却会留有余味，在不知不觉中茶香便溢满唇舌，令人回味无穷。同时，冷泡茶的颜色较之热茶也会相对清淡素雅，在闷夏里令人倍感清新，是极佳的"夏日清凉特饮"，特别适合户外活动人群。

第五节　为什么普洱茶饼常见规格是 357 克

相信不少茶友都曾有过这样的疑惑：为什么普洱茶饼的常见规格是 357g 这么一个奇怪的数字，而不是一个整数呢？关于 357 这一数字的来历，常见的有以下三种说法。

1. 马力决定论
茶马古道，穿行于云南、四川、西藏的山地之间，像一层层天梯般，直达世界屋脊。在这样的路上，要想让茶叶以最便捷的方式从云南运送到西藏，损失最小化、利润最大化，并不是一件容易的事情。马驮着茶叶，人牵着马匹，一行就是上千千米，一走就是一年半载。人对马的能力自然非常了解。一匹走长途山路的马，通常可以负重 60 千克（跟一个人的体重差不多），这都是老马夫们总结出来的。为了保持马的平衡，人们把这 60 千克的重量，平均分配在马背两边，一边 30 千克。7 饼 357 克饼茶加起来大约为 2.5 千克，12 份就刚好是 30 千克。因此，不是普洱茶与 357 有什么特殊的因缘，而是与马、与茶马古道有着不解的渊源。

2. 国家规定论

政府为了减少度量衡方面的纠纷，往往会制定强制性的标准化措施，目的是便于统计，便于征税，便于交易。据《大清会典事例》载："雍正十三年提准，云南商贩茶，系每七圆为一筒，重四十九两，征税银一分，每百斤给一引，应以茶三十二筒为一引，每引收税银三钱二分。于十三年为始，颁给茶引三千。"而中华人民共和国成立后，七子饼的重量则统一规定为 357 克，这样能使每筒和每篮的重量更接近整数。一筒 7 片约等于 2.5 千克，一篮 12 筒约等于 30 千克。原本零碎的数字相加之后就成为一个整数，便于普洱茶生产厂家的进销管理。

3. 中茶统一论

清末民国后，七子圆茶随华侨销到了海外，侨销圆茶的历史由此展开，茶饼的重量计量方式也不再使用中国传统的"两"，而改用国际通用的"克"。当时，中茶公司拥有全国茶叶的出口权。为了配合出口，中茶公司要求下属茶厂生产每件 30 千克的普洱茶。每件装 12 筒（即一打，国际常用计量单位），每筒按传统习惯装 7 饼，每饼为 30000 克 /12 筒 /7 饼 =357.14286 克，约等于 357g。这就是普洱茶每饼 357 克的由来。

笔者认为，前两种说法都经不起推敲。先说这个马力决定论吧。首先，马的负荷能力有大有小，不可能每匹马都背同样重量的货物。其次，在漫长的茶马古道上，难免会有马出现意外，那这马驼的货物难道就不要了吗？当然会匀给其他马匹。最后，即便平均每匹马背 30 千克，为什么不每饼 536 克，分成 8 筒呢？再说国家规定论。清朝时候的一两，相当于现在的 37.301 克，当时的一饼的重量为 37.301×7=261.107 克。既然没有沿用传统的重量，只是为了凑个整数，那按 250 克、500 克、1000 克一饼岂不是更省事？综上所述，笔者觉得还是中茶统一论最为可信。

第六节　如何从叶底判断普洱茶的原料好坏和工艺高低

我们经常看到品茶人在喝完一道茶以后，都会看看茶叶的叶底。茶叶叶底看什么呢？会看的人可能从叶底看出门道来，不会看的可能就是装腔作势，做做样子而已。甚至还会有不懂装懂的人，看完叶底后说一大堆与叶底无关的东西来，让人哭笑不得。更有一些"大师"看完叶底就能凭叶底判断这茶树龄多大，海拔多高，长在北坡还是南坡，是否施了化肥农药，存放了多少年，干仓湿仓，是否霉变，等等，让不懂茶或者初学者佩服得五体投地。

叶底是茶叶审评的四要素之一，但不是主要因素，在开汤审评中占总分20%。在审评中，叶底主要是为茶叶的色香味提供进一步证明。有些问题我们能在叶底找到答案，有些问题在叶底找不到答案。

一、从叶底看鲜叶原料的级别

叶底芽头肥硕，叶片肥厚、完整，质感柔软、有弹性，色泽均匀、鲜活、明亮，无老梗、老叶、碎片、碎末及其他杂质沉淀，这就应该是档次极高的原料了。

如果叶底叶片单薄、粗老，色泽花杂，质感硬、脆，老梗老叶多，碎片、碎末及其他杂质多，肯定是档次很低的茶。

上面说的是典型的两个极端，两个极端的叶底是很少的，绝大部分叶底是介于两者之间，都是相对而言。就拿叶底芽叶的完整度来说吧，百分之百的完整是不可能的，因为在茶叶的采摘、运输、摊凉、杀青、揉捻、干燥、装箱以及之后的精制过程中，每一道环节都会有茶叶断碎的可能。就散茶和紧压茶来说，散茶肯定比紧压茶叶底要完整很多，因为紧压茶在称重、蒸压和开茶过程中会有段碎产生，特别是开茶，一刀下去就会有很多断碎茶产生。

再说色泽匀整还是花杂，也是相对而言的。茶叶由一芽一叶的黄亮、二叶淡黄、三叶黄绿、四叶暗绿、五叶暗褐色，色泽越来越深。只要不是老嫩混杂，一叶和二叶之间的细微差别就可以叫色泽匀整了。

图 12.5　正常柔嫩匀整的叶底

图 12.6　老梗老叶花杂叶底

二、从叶底看茶树品种

由于不同树种的叶面性状是不同的，而同一树种的叶面性状是相对稳定的，因此我们可以通过叶底比较完整的叶片查看叶面性状，以帮助我们判断茶叶的树种和大概的茶区。

茶树的叶面性状包括叶形（柳叶形、长椭圆形、椭圆形、圆形）、叶脉（叶脉对数多少）、锯齿（锯齿深浅和多少）、叶色（淡黄、黄绿、绿色、深绿、暗绿、紫色）、叶面（厚薄、平整、隆起）、叶尖（无尖、暂尖、长尖）、茸毛（多少）等。但这需要喝茶人对云南茶树品种的种性有详细的了解。

比如，易武茶树叶片形状为长椭圆形接近柳叶型、叶脉较稀（10 对左右），如果在易武茶叶底出现椭圆形或者近圆形叶底、12 对以上叶脉，肯定不是易武茶。

图 12.7 易武刮风寨叶底

图 12.8 老班章叶底

而班章茶树叶脉很密，而且叶脉突出，如果班章茶叶底叶脉低于 16 对，而且是隐型叶脉，你就得对香气口感仔细品味了。

另外，如香竹箐叶色黄绿色，叶形接近圆形，如果香竹箐叶底出现长椭圆形或者深绿色叶片，就得打个问号了。

三、从叶底看加工工艺是否正常

从叶底看加工工艺是否正常。普洱茶如果工艺上出了问题，一般在香气、汤色、口感方面都会有不正常的表现。我们再通过叶底可以进一步证实。比如香气口感有烟焦味，叶底可能出现焦尖焦边和鱼眼泡，这就是杀青过度或者杀青温度过高造成的；如果没有焦尖焦边，那就是干燥过程中直接用火温，烟味进入茶叶造成的。

另外，如果新茶汤色偏深，通过叶底可以判断是否杀青不足或者是鲜叶受损。如果叶底是嫩茎、叶脉泛红，就是杀青不足；如果叶底暗红，就可能是鲜叶在储运过程中受损。

四、从叶底颜色参考茶叶存放的大概年份

普洱茶随着存放时间延长，叶底色会越来越深，因此根据叶底色泽变化可以大概判断普洱茶的存放年份。但由于普洱茶的存放环境温湿度不同，其色泽变化会有很大差异，所以，从叶底颜色变化来判断普洱茶存放年份，必须是在同一区域内存放为前提，以香气、口感为主，汤色和叶底色泽只能作为参考。同一区域内存放的生茶，存放时间越长，叶底颜色越深。其变化由黄绿、淡黄、橙黄向栗黄、橙红、栗红、深红转变。

图 12.9 杀青不足带红梗叶底

图 12.10 杀青正常叶底

图 12.11 当年生茶叶底

图 12.12 干仓存放 5 年生茶叶底

图 12.13 干仓存放 10 年生茶叶底

普洱茶百科

图 12.14　干仓存放 15 年生茶叶底

图 12.15　干仓存放 20 年生茶叶底

五、从叶底看茶叶原料是否受病虫危害

茶树病虫分为两种类型，一种是麟翅目类害虫，主要是吃食茶叶，因此只影响茶叶产量，对茶叶品质影响很小；另一种是以吸食茶树汁液为主，如茶蚜虫、小绿叶蝉等虫害和茶饼病、茶网饼病、茶炭疽病、茶白星病等病害。这一类病虫害既影响茶叶产量，又影响茶叶品质。

我们有时候喝到一款茶，出奇地苦涩，而且不化，浑汤，有腥味。这种情况除了部分特殊情况外，十有八九是茶叶受到病虫危害。喝完茶后，我们可以从叶底就能看出究竟来。受病虫危害的茶叶叶片脆硬，所以在揉捻时很容易揉捻成碎片，叶底碎片多，手感质硬，缺乏柔软感。

如果叶底缺少完整叶片，茶叶叶尖、叶片残缺，则可能是受小绿叶蝉或者茶蚜虫危害。受小绿叶蝉、茶蚜虫危害严重的茶树芽叶，其叶尖叶边失水卷曲、焦脆，揉捻时叶尖叶边会脱落成碎片，留下的叶片也不完整。

图 12.16 受茶蚜虫危害的芽叶

图 12.17 受小绿叶蝉危害的芽叶　　　　图 12.18 受茶白星病危害的芽叶

如果叶底茶叶叶面有褐色小点，而且清洗不了，就可能是茶园受炭疽病、茶白星病危害；如果叶面有较大的小圆斑点，可能是茶园受茶饼病危害。

茶白星病危害嫩的茶树新梢芽叶，制成成品茶后造成茶味极苦，影响产量和品质。

六、熟茶从叶底看发酵程度

渥堆发酵是普洱熟茶的关健工艺，发酵的成败直接影响熟茶的品质，所认查看熟茶叶底可以帮助判断发酵工艺。如果一款熟茶香气有青味，汤色浅而泛青绿，口感有涩味，再看叶底如果有青绿色，这款茶就可以肯定是发酵不足；如果一款熟茶香气低沉，汤色发暗，口感淡薄迟钝，再看叶底黑褐发暗无光泽，则可认判断该茶属于发酵过度；如果叶底黑暗，硬脆，呈碳化状，则属于发酵高温烧坏。

第七节 从普洱茶叶底能看出树龄长短、海拔高低和使用化肥农药吗

喝茶要学会看叶底，这不仅是因为叶底是茶叶开汤审评的四要素之一，还因为叶底含有许多原料和工艺信息。但叶底不是万能的，不是茶叶所有的信息都可以从叶底看出来的。上一节讲了如何从叶底判断普洱茶原料和工艺的好坏，本节就讲讲哪些信息是不能从叶底看出来的。如果有"大师"非说能看出来，那也只有两种情况：一是具有特异功能，二就是胡夸海吹了。

一、树龄大小从叶底看不出来

上文说了，从叶底的叶面性状可以帮助判断茶树品种，从而根据品种种植的区域判断该茶的种植范围。这是因为同一品种的种性和叶面性状如叶型，叶色、叶脉，锯齿等是相对稳定的。正因为如此，同一品种其叶面性状是基本相同的，不会因为树龄大小而改变。

有人会说可通过叶色、厚薄、叶距长短区分古树和小树。其实这几个要素都是相对的，不是绝对的。叶色深浅主要是叶片老嫩和受光照强弱的影响，古树会有色泽较浅的叶，小树也会有色泽较深的叶；叶片厚薄和叶距长短也不能判断是否是古树茶，茶园小树只要施有机肥，平衡施肥，叶片一样肥厚，芽头同样肥硕。如果古树茶土壤贫瘠，或者施用单一化肥，叶片一样会单薄；而叶距长短，则主要是由树种种性决定的。

图 12.19 不同普洱茶树种叶面性状对比

图 12.20 不同普洱茶树种叶面性状之一

图 12.21 不同普洱茶树种叶面性状之二

图 12.22 不同普洱茶树种叶面性状之三

二、叶底看不出茶树生长的海拔高低

有些"大师"一看叶底，就能说出这茶生长在海拔多少米的地方，我除了说"佩服"以外也只有"佩服"了。如果说古树和小树还有叶色和厚薄两个相对因素，那么，海拔高度在茶树叶底上应该没有感观上能区分的因素。所以，说能从看叶底判断茶树生长环境、海拔高低的人基本上是在"吹牛"。

图 12.23　不同海拔普洱茶新梢之一

图 12.24　不同海拔普洱茶新梢之二

图 12.25　不同海拔普洱茶新梢之三

图 12.26　不同海拔普洱茶新梢之四

三、从叶底看不出北坡南坡、阳坡阴坡

从理论上说，茶树生长在阴坡还是阳坡，北坡或是南坡，由于光照不同，茶树氮代谢和碳代谢是有区别的，在不同光源（直射光和漫射光）下茶树叶片的角质层和海绵组织也会不同。但这种不同主要是建立在两个极端的条件下（完全直射光和完全散射光）进行研究的，并且通过显微手段才能观测。自然生长的茶树并不说明南坡和阳面就是直射光，北坡和阴面就是散射光。因为云南绝大部分古茶区生态环境都保存完好，茶树大部分都生长在森林之中，享受着阳光的直射和散射交替变化，所以，根本没有办法区别南坡北坡或者阴坡阳坡的叶片差异。

图 12.27 云遮雾绕的勐库东半山

图 12.28 云雾缭绕的云南茶山

图 12.29 山清水秀的香竹箐茶山

图 12.30 澜沧江畔的昔归茶区

四、从叶底看不出茶叶是否施用了化肥农药

现在人们生活水平提高了，喝茶就是为了保健养生，谁都不想喝茶时还把农药附带喝了。但我告诉你，茶叶有没有施化肥农药，从叶底是看不出来的。农残以ppm计，1ppm就是百万分之一，换成重量就是一吨里面一克。这不仅从叶底看不出来，喝也是喝不出来的，唯一的方法只能靠检测分析。

除此以外，有些因素也不适宜在叶底找答案。比如霉变和湿仓茶，这些从干茶色泽、香气和开汤香气、汤色、口感等方面都很容易判别，相反，从叶底却难以判断。

第八节　普洱茶浑汤是怎么回事

喝茶人时不时会碰到茶叶浑汤的现象，有时候是在冲泡茶叶时出现浑汤，有时候是在茶汤没有及时喝完，过了一段时间以后茶汤浑了，于是时常弄得一头雾水，不知道是自己冲泡出了问题还是茶叶本身有问题，为什么会出现浑汤。本节就专门说说茶叶浑汤的问题。

茶叶浑汤要分两个方面来说：一是冲泡时就浑汤，这是茶叶品质本身的问题；二是茶汤冷却后出现浑汤，这有个专业术语叫做"冷后浑"，这是另外一回事。

一、茶叶冲泡出现浑汤

茶叶冲泡出现浑汤，无论是生茶还是熟茶，新茶还是老茶，浑汤都是汤色不好的表现。我们把生茶、熟茶分开来讲。

图 12.31 普洱茶正常汤色　　　　　　　图 12.32 普洱茶冲泡浑汤

1. 生茶浑汤

新的生茶出现浑汤不外乎是以下这几种原因造成的。

鲜叶问题。雨水叶：凡雨水天采摘的茶叶，加工出来的普洱茶都会有浑汤的可能性。病虫叶：受茶小绿叶蝉、茶蚜虫、茶饼病、茶网饼病危害的鲜叶加工出来的普洱茶都有可能浑汤。

加工问题。加工场地、工具、机械设备不卫生，茶叶混入灰尘杂质。鲜叶杀青后没有及时摊凉，发生高温堆渥。干燥不及时，揉捻叶没有及时干燥。

2. 熟茶浑汤

新的熟茶都会有不同程度的浑汤现象，主要是因为熟茶要经过长时间的渥堆发酵和反复多次的人工翻堆。所以新的熟茶有浑汤现象就像是新的生茶有青味一样，是难以避免的。所以我们建议新的熟茶一定要放一放再喝。而且新熟茶浑汤现象很快就会去掉，大概在半年到一年时间内汤色就会变得清亮起来。

3.老茶浑汤

不管是生茶还是熟茶，一般说来，老茶是不会浑汤的，老茶汤色应该是非常油亮。浑汤的新熟茶很快就会转亮。浑汤的生茶放上5~10年，汤色也会由浑转亮。所以，老茶浑汤只有一种原因，就是刚刚发生了霉变。如果老茶保存不好，不久前受潮发生霉变，就会发生浑汤。如果霉变时间久了，霉变的茶一样汤色红亮，不会浑汤。

二、茶汤冷却后出现浑汤

有时候一款茶没有喝完，就急着办事去了，回来时发现原来好好的茶汤变得浑浊了，茶汤中漂浮着很多絮状物，好好的茶汤怎么就变样了？这种现象叫做"冷后浑"，茶叶冷后浑的现象不仅是普洱茶有，红茶和绿茶也都会有这种现象，而且只有好茶才有。

图 12.33　普洱茶汤冷后浑

造成这种现象的原因主要是不同水温的溶解度不同造成的，沸水溶解度高，水温降下来后溶解度也随着下降。这和牛肉冻、鱼肉冻的凝结原理是一样的。如果沸水冲泡的茶汤达到了70度的饱和溶解度，那么当水温降到低于70度时，就会有凝结发生。所以，发生这种现象的茶一定是内含物丰富的普洱茶和高品质的红茶、绿茶。

因此，碰上茶叶浑汤时要具体情况具体分析，冲泡时浑汤一定是茶叶和工艺的问题，而遇上冷后浑则是好茶才有的表现。

第九节　怎样鉴别普洱茶是霉变还是长金花了

普洱茶适合存放，而且越放越好。在长期的存放过程中要是保存不好，受潮了就容易发霉，普洱茶发霉了就不能饮用。普洱茶在长期存放过程中，如果温湿度适合，又碰巧有益生菌存在，则可能长出金花来。而普洱茶金花是非常难得的，碰上就和中状元差不多。那我们怎么样才能区别普洱茶是发霉还是长金花呢？本节就专门介绍一下普洱茶花和霉的区别，以后碰上宝贝不至于当破烂扔了。

图12.34　普洱老茶头砖产生的金花　　　　图12.35　霉变的普洱茶

1. 产生的条件

普洱茶霉变一般是在南方梅雨季节或者是茶叶在运输储存过程中受潮没有及时干燥才发生的。而普洱茶产生金花则是在正常的自然环境下，普洱茶在合适的温湿度条件下自然产生的。

2. 颜色

由于普洱茶产生的霉变和普洱茶产生金花的菌落不同，所以从菌丝和菌体色泽可以区分是霉变还是长花。普洱茶霉的颜色一般是黑色和绿色，而金花是金黄色或者银白色。

3. 部位

普洱茶发霉一般是由表及里，首先紧压茶表面发生霉变，然后往内部渗透；而普洱茶金花则是由里及表，首先是由普洱茶内部产生，然后向外部扩展。大部分普洱茶金花从外表根本看不出来，只有在开茶时才能看到。

4. 形状

普洱茶霉变多为整片整块的絮状物，霉变和没有发生霉变的茶叶色泽有明显的不同；而普洱茶的金花没有絮状物，一般多为一点的金黄色（金花）或者银白色（银花）的颗粒状小晶体，并且茶叶颜色正常。

5. 大小

普洱茶霉变无论紧压茶体积多大，只要是受潮，水分超过30%以上，就会发生霉变；而普洱茶产生金花，在个体较小的紧压茶中基本上没有发生过，绝大部分都是在个体较大的大砖、大饼、大瓜中。

6. 香气

霉变的普洱茶闻起来是刺激性很强、不舒服的霉味，闻不到普洱茶正常的愉快的花香、蜜香、果香、甜香、清香；长花的普洱茶闻起来是正常的茶香，闻不到不愉快的霉味。

第十二章 普洱茶的释疑

7. 汤色

刚发生霉变不久的普洱茶冲泡后会有浑汤，但霉变后又存放了多年的普洱茶汤色会非常红亮；无论新茶还是老茶，只要是发生了霉变，汤色比同年份同一区域内正常茶叶的汤色要深得多。而产生金花的普洱茶，是正常的汤色，和同年份同一区域内的普洱茶汤色没有多少区别。

8. 口感

霉变的普洱茶茶汤入口就会有霉味，即使是老茶，霉味不明显了，茶汤也会对口腔产生刺激，形成口腔不舒适的感觉，在咽喉部位会有明显的锁喉现象，嗓子发干、发紧。喝过霉变的普洱茶汤整个口腔和咽喉都会有不舒适的感受。

普洱茶金花是属于有益菌种，不是茯茶人工接种，而是自然产生的，所以非常难得。金花是一种冠突散囊菌，是对人有益的微生物，能分泌淀粉酶和氧化酶，可催化茶叶中的蛋白质、淀粉转化为单糖，催化多酚类化合物氧化，转化成对人体有益的物质，使茶叶的口感等特性提高和优化。所以，产生金花的普洱茶其内含物的转化比没有金花的要快，其口感更加醇厚甘甜、自然滑顺，适口感会更好。

参 考 文 献

[1] 陈兴琰. 茶树育种学 [M]. 北京：农业出版社，1980.

[2] 湖南农学院. 茶叶审评与检验 [M]. 北京：中国农业出版社，1979.

[3] 庄晚芳. 茶树栽培学 [M]. 北京：中国农业出版社，1979.

[4] 陈椽. 制茶学 [M]. 北京：中国农业出版社，1979.

[5] 施兆鹏. 茶叶加工学 [M]. 北京：中国农业出版社，1979.

[6] 周红杰. 云南普洱茶 [M]. 台北：宇河文化出版有限公司，2005.

[7] 詹英佩. 茶祖居住的地方——云南双江 [M]. 昆明：云南科技出版社，2010.

[8] 王美津. 普洱茶文化之旅·临沧篇 [M]. 昆明：云南人民出版社，2006.

[9] 曹金洪. 茶道·茶经 [M]. 北京：燕山出版社，2011.

[10] 赵振军，高静，邹万志，黎星辉. 普洱茶茶汤存放过程中主要成分变化及饮用安全性分析 [J]. 河南农业科学. 2014(1).

[11] 宛晓春. 茶叶生物化学 [M]. 北京：中国农业出版社.2003.

[12] "是真的吗"节目组. 隔夜茶不能喝？http://tv.cntv.cn/video/VSET100158570946/f784276c96f246a5ac401ff8db0d1460.

[13] 盛军. 喝茶有利于防止老年骨质疏松 [J]. 普洱，2011(1).

[14] 孙权. 普洱茶、红茶、绿茶对去势大鼠骨微结构改善作用的比较研究 [D]. 河北联合大学，2014.

[15] 车晓明，陈亮，顾勇，等. 茶多酚治疗骨质疏松症的研究进展 [J]. 中国骨质疏松杂志，2015(2):235-240.

[16] Vestergaard P, Jorgensen N R, Schwarz P, et al. Effects of treatment with fluoride on bone mineral density and fracture risk—a meta-analysis[J]. Osteoporos Int, 2008, 19(3): 257-268.

[17] Hallanger J E, Kearns A E, Doran P M, et al. Fluoride-related bone disease associated with habitual tea consumption[J]. Mayo Clin Proc, 2007, 82(6): 719-724.

[18] Whelan A M, Jurgens T M, Bowles S K. Natural health products in the prevention and treatment of osteoporosis: systematic review of randomized controlled trials[J]. Ann Pharmacother, 2006, 40(5): 836-849.